퇴근 후 카페여행

퇴근 후 카페여행

글 · 사진 내계절

R

prologue

카페여행을 시작하며

서울에서 직장 생활을 시작하면서 아침부터 많은 사람과 대중 교통을 이용하는 것이 정말 힘들었다. 힘겹게 출근한 후에도 업무와 야근, 사람들과의 경쟁, 그 사이에서 원만한 관계를 유지하면서 내 생활의 밸런스를 유지하는 것들이 나를 쉼터로 도망가게 하는 이유였다.

디자인을 업으로 삼고 있어서인지 깔끔하게 정돈된 것을 볼 때 눈이 편안해지고, 감각적인 인테리어 속에 있을 때 기분이 좋아진다. 거기에 맛있는 커피와 분위기에 어울리는 음악이 더해지면 더할 나위 없는 힐링의 공간이 된다.

〈퇴근 후 카페여행〉은 지금까지 방문했던 다양한 카페 중에서도 바쁜 하루를 잠시 잊을 수 있는 휴식하기 좋은 카페 65곳을 소개한다. 때로는 감각적인, 때로는 사색할 수 있는, 때로는 계절을 만끽할 수 있는 다양한 공간 속에서 느낀 감정을 '내계절'의 시선과 함께 담았다.

당신이 좋아하는 공간에서
온전히 나다운 시간을 보내길 바라며.

내가 좋아했던 카페
공간다반사에서

2022년 3월, 내계절

CONTENTS

퇴근 후, 카페여행

01 따뜻하고 포근한 공간

02 편안하고 자유로운 공간

03 감각적이고 비주얼한 공간

04 개성 있고 독특한 공간

cannele &
americano

love this spot,

01
따뜻하고
포근한
공간

CAFE 01 | 산보클럽

✓ 목표를 향해 걷는 사람들의 아늑한 아지트

역 근처 조용한 주택가 골목을 걷다 보면 초록색 줄무늬 어닝이 눈에 들어온다. 눈에 띄는 간판 하나 없이 건물 모퉁이에 자리 잡은 산보클럽은 바로 옆 카페 '잔원'의 2호점이다. 조용하고 잔잔한 분위기의 잔원과는 또 다른 느낌이다.

천장의 실링팬과 작은 세면대 등 빈티지하면서 소박한 인테리어는 일본 여행에서 보았던 가정집의 모습이 떠오른다. 또 테니스공과 필름 카메라, 잡지 등의 소품들은 다양한 취향의 사람들이 취미를 즐기러 오는 아늑한 아지트의 느낌도 든다.

'산보클럽'은 걷기와 같이 소소한 활동을 하며 각자의 목표를 향해 걷는 사람들을 말한다. 이 공간은 클럽 사람들을 더욱 가깝게 만들어주고 편안하게 해주는 역할을 한다. 메뉴 역시 이러한 분위기에서 간편하게 먹기 좋은 커피와 주스, 병맥주와 달콤함을 채워줄 바나나 푸딩과 토스트가 준비되어 있다.

/
카페의 세 잎 클로버 로고는 어쩌면 '작지만 확실하게 실현 가능한 행복'을 바라는 마음을 담은 것이 아닐까.

about, 산보클럽

서울특별시 은평구 가좌로11가길 2 2호
일 ~ 화 | 13:00 ~ 20:00 목 ~ 토 | 13:00 ~ 21:00
@sanbo_club

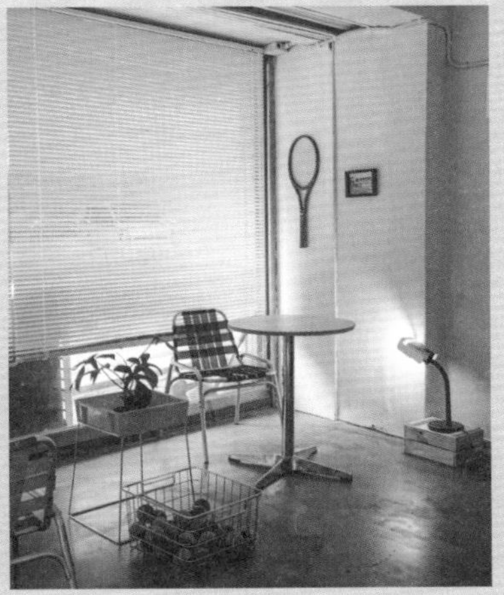

CAFE 02

뷰클런즈

✓스웨디시 커피를 만날 수 있는 쉼(休)의 공간

휴식하기 좋은 장소란 어떤 곳일까. 낮은 건물들과 나무가 어우러져 길을 만들고, 도로의 소음보다 자연의 소리에 더욱 귀 기울일 수 있는 곳. 복잡한 도심과 반대로 고즈넉함을 느낄 수 있는 곳이 아닐까. 뷰클런즈는 이러한 공간을 1년간 찾아 헤맸고, 송리단길 끄트머리에서 노부부의 세월이 담긴 집을 발견했다. 창밖으로는 어린이 공원의 푸른 나무가 보이고 잔잔하게 들리는 아이들의 웃음소리와 새소리까지. 이제껏 뷰클런즈가 그려온 카페의 모습을 갖추고 있었다.

카페 내부는 벽과 가구 등 전체적으로 붉은빛이 도는 나무 소재로 공간마다 적당한 크기로 구성되어 있다. 1층에는 카운터가 있고 그 앞에 티라미수, 쿠키 등 다양한 디저트가 진열되어 있다. 메뉴를 주문하면 포춘 쿠키처럼 좋은 글귀가 적힌 랜덤 카드를 뽑을 수 있는데, 커피를 기다리는 동안 하루를 돌아보기 좋다. 야외 계단을 통해 올라갈 수 있는 2층은 가파른 계단 탓에 노키즈존으로 운영된다. 1층보다 차분한 분위기로 자유롭게 관람할 수 있는 풍경 사진들을 전시하고 있다.

/
스웨덴 베스테로스에 사는 로스터의 이름을 딴 '뷰클런즈'라는 이름에 맞게 최상급 원두를 사용한 스웨디시 커피를 제공한다.

about, 뷰클런즈

서울특별시 송파구 백제고분로43길 10

매일 | 12:00 ~ 22:00

@swedencoffee_bjorklunds

CAFE 03

앤트러사이트 서교

✓ 오로지 커피에만 집중할 수 있는 시간

한남동, 연희동, 합정동 등 앤트러사이트의 여러 지점 중 가장 기억에 남는 곳은 망원역에 가까운 서교점이다. 오래된 저택을 개조한 곳으로 돌과 나무로 채워진 정원이 있는 3층짜리 건물이다. 군더더기 없이 깔끔하고 견고한 저택의 모습이 앤트러사이트의 원두 패키지 속 이미지와 많이 닮아있다.

/
커피를 마시며 바라보는 풍경은 싱그러운 여름이 될 수도, 무채색의 겨울이 될 수도 있다.

앤트러사이트에는 음악이 없다. 그래서 오로지 공간과 커피에 더욱 집중할 수 있다. 아주 조용하게 운영되는 공간이기에 대화보다는 책을 읽거나 사색이 필요한 날 방문을 추천한다. 마당을 보고 있는 넓은 창은 바람이 움직이며 만드는 시간을 감상하기에 더할 나위 없이 좋다. 앤트러사이트의 분위기와 느낌을 담고 싶다면 원두를 포장해가는 것도 좋다.

about, 앤트러사이트 서교

서울특별시 마포구 월드컵로12길 11
매일 | 9:00 ~23:00
@anthracite_coffee_roasters

CAFE 04 | 이룸커피프로젝트

✓ 커피와 전시 문화가 조화로운 공간

오래된 건물 2층의 빨간 문을 열고 들어가면 불광동의 보석 같은 카페를 만날 수 있다. '어떤 것을 이루다'는 의미가 담긴 이룸커피프로젝트는 커피와 공간, 그리고 문화가 조화를 이루는 곳이다. 베이지색 러그와 소파, 작은 소품들이 편안하고 아늑한 느낌을 준다.

커피는 핸드드립으로 준비되고 논커피로는 소다와 티, 와인이 있다. 디저트는 모든 음료와 잘 어울리는 바삭한 크로플과 쿠키가 준비되어 달콤함을 느끼기 충분하다.

/
사진작가와 함께하는 작은 전시가 진행되는 벽에는 예쁜 사진들로 가득하다. 마음에 드는 작품은 엽서 혹은 포스터로 구매할 수 있다.

about, 이룸커피프로젝트

서울특별시 은평구 불광로 76 2층

매일 | 11:00 ~ 21:00

@eroom_project

CAFE 05

선과점

✓과일과 커피가 함께하는 공간

"어둑해질 무렵, 힘없이 깜빡이는 전구를 갈아 끼우고 가게의 저녁 시간을 준비합니다. 간단한 과일을 손질하고 손님에게 커피와 함께 내어주면 어느새 문을 닫을 시간. 집으로 돌아와 연필로 오늘을 기록하고 잠이 듭니다. 다시 아침이 되면 일력 한 장을 찢으며 하루를 시작하겠죠."

선과점은 디지털기기가 없던 시절을 떠올리게 하는 아날로그 감성의 카페다. 선과 점이 이어져 단순하지만 아름답게 빛나는 별자리처럼 작은 요소들이 이어진 행복, 그 소중함을 공간에 머무는 내내 느낄 수 있다.

조용한 공간인 만큼 커피는 잔잔하게 떨어지는 드립 커피로 준비되어 있다. 또 가정집에서 내어주는 듯한 직접 손질한 과일과 고구마 맛탕 등 정겨운 디저트들을 만날 수 있다.

about, 선과점

서울특별시 은평구 갈현로7가길 11
매일 | 11:00 ~ 20:30 (휴무일 인스타그램 확인)
@seongwa_grocery

CAFE 06 | 살구다방

✓ 살구의 상큼함과 청량함을 닮은 공간

오래된 주택들이 모여있는 외진 골목 안, 친숙한 식물과 낡은 담벼락이 있는 시골 같은 풍경 속에 살구다방이 있다. 8월쯤 방문했을 때 푸릇한 식물과 따스한 햇볕이 어우러져 나긋한 시간을 보냈던 것이 기억에 남는다. 여름에 가장 예쁜 색을 띠는 살구처럼, 이곳 역시 여름이 절정의 시기인 것 같다.

살구다방은 한때 택배회사 창고로 쓰였던 공간인데, 경의선 숲길을 좋아하고 커피에 관심 있는 사장님이 이곳에 카페를 차리게 되었다. 전시와 판매를 겸하고 있어서 엽서나 부채 같은 작은 소품들도 진열되어 있다.

/
시그니처 메뉴는 더치커피 위 생크림이 올라간 살구커피. 참고로 살구는 들어가지 않는다. 하지만 살구나무 없이도 싱그럽게 빛나는 이곳처럼 분위기에 취해 상큼함이 느껴질지도 모르겠다.

about, 살구다방

서울특별시 마포구 광성로6길 56

월 ~토 | 11:00 ~ 19:00

@cafe_apricot_

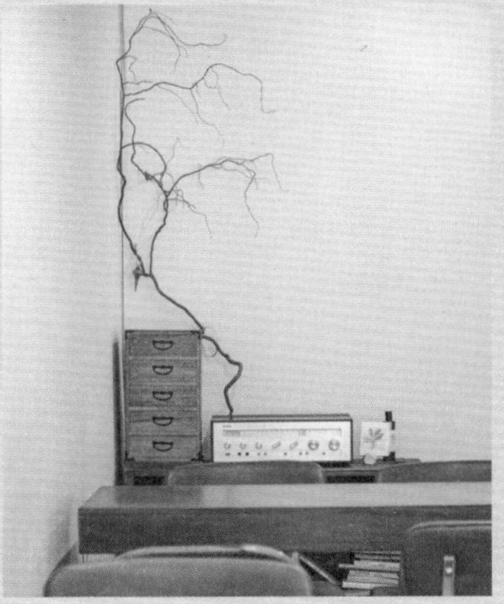

CAFE 07 | 공유

✓성북동 속 작은 일본

보문역에서 걸어서 10분, 잠시 일본으로 떠날 수 있는 공간 공유(共有). 한적한 골목 속 빨간색 일시 정지 표지판과 자전거가 눈길을 사로잡는다.

작지만 알차게 꾸며진 이곳은 사장님이 일본에 살면서 보고 느낀 것들을 공유하고 싶어서 만든 공간이다. 그래서인지 가게 안 대부분 소품은 일본에서 공수해 온 것들이다. 벽면에 부착된 일본 풍경이 담긴 사진과 일본어로 된 잡지, 사용하는 컵과 판매하는 의류 등 일본에서 온 소품들 속에서 이웃 나라의 향기가 느껴진다.

/
시그니처 메뉴는 레모니카노로 씁쓸한 아메리카노에 상큼한 레모네이드가 섞인 음료다. 작은 종지에 포도알이 담겨 함께 제공되는데, 음료에서 느껴지는 레몬 향 덕에 과일과도 잘 어울린다.

about, 공유

서울특별시 성북구 보문로 18길 10
월, 수, 목, 금 | 8:00 ~ 18:00 토 ~ 일 | 11:00 ~ 20:00
@kyou_yuu_

CAFE 08

커피한잔

✓ 낡은 가구와 때 묻은 LP판, 아날로그 감성 가득한 공간

/

초등학생 때나 봤을 법한 삐걱거리는 나무 바닥과 책장에 가득 꽂힌 LP판, 찬장 가득한 빈티지 소품들은 이곳의 세월을 고스란히 전해준다. 또 카페에 잔잔하게 흐르는 음악은 사장님이 직접 LP판을 바꿔가며 트는 곡으로 '커피한잔'만의 감성을 더욱 진하게 만들어 준다.

경복궁역 1번 출구를 나와 사직공원을 따라 걷다 보면 주차장 안, 낡은 간판 하나가 보인다. 색이 바랜 간판에는 1970년대에 활동했던 가수, 김추자의 노래 제목인 '커피한잔'이 적혀있다. 연세가 지긋하신 사장님이 20년 넘게 운영해온 커피한잔은 디지털카메라보다는 필름 카메라가 잘 어울리는 공간이다.

메뉴를 주문하고 커피바에 앉으면 준비 과정을 바로 앞에서 볼 수 있다. 특히 사장님이 직접 내리는 드립 커피는 이곳의 시그니처인 숯불 로스팅 원두 향을 느끼기 좋다. 그 외에 베트남 커피와 차이 티 등 다양한 나라의 문화를 맛볼 수 있는 음료도 있다.

about, 커피한잔

서울특별시 종로구 사직로9길 16-1

월 ~ 토 | 12:00 ~ 21:00 일 | 12:00 ~ 18:00

@sajikcoffeehanjan

CAFE 09 | 신보

✓ 이문동 골목 언제나 음악이 흐르는 따스한 공간

이문동의 한적한 골목에는 재즈와 커피를 함께 즐길 수 있는 카페가 있다. 오래된 달걀 가게를 개조하여 만든 이곳은 간판 하나 없이 조용하게 자리하고 있다.

신보는 '새로운 곡의 악보' 혹은 '새로 녹음한 음반'이라는 뜻이다. 이름의 유래는 정확하게 알 수 없지만, 낭만적인 음악이 끊임없이 흐르는 만큼 본연의 의미와 깊은 연관이 있을 것 같다. 입구에 들어가자마자 바로 보이는 카운터는 반 층 위 커피바와 연결된 계단형 모양으로 중앙에 스피커가 박혀 있어서 더욱더 인상적이다. 곳곳에는 시골 할머니 집에서 봤을 법한 나무 발과 빈티지한 포스터들이 벽면을 장식하고 있어서 세월이 묻어난 이곳만의 감성을 잘 살려준다.

/
'여기는 이문동인데?'라는 궁금함을 가지고 주문한 〈이태원 커피〉는 달콤하면서도 묵직한 고소한 맛이 일품이어서 이름만큼이나 쉽게 잊히지 않는다.

about, 신보

서울 동대문구 회기로25길 101-13
월 ~ 금 | 12:00 ~ 21:00 토 ~ 일 | 14:00 ~ 21:00
@sinboseoul

CAFE **10**

아틀리에하모니

✓ 모던한 현대식 건물 속 비밀의 한옥 중정

보문역을 나와 차도를 따라 걷다 보면 검은색으로 채워진 깔끔한 외관의 카페가 나온다. 겉보기에는 모던해 보이지만 가게 안에는 전혀 다른 공간이 숨어있다.

카페의 중문을 넘어서면 아름다운 중정과 'ㄱ' 자로 이어진 한옥이 나타난다. 중정 이곳저곳에 있는 작은 나무들은 한옥의 고즈넉함을 더욱 돋보이게 한다. 한옥은 총 네 개의 공간으로 나뉘는데, 입구와 가장 가까운 첫 번째 공간은 전시를 위한 곳이고 바로 옆에는 예약제로 운영되는 단독 룸이 있다. 그 외에는 편하게 이용할 수 있지만 테이블 수가 많지 않아서 조용한 날에 방문하는 것을 추천한다. 아틀리에하모니에서 현대식 건물과 아름다운 한옥의 색다른 하모니를 느껴보자.

/
엄선한 재료로 만든 수제 샌드위치와 정성 가득한 치즈케이크, 그리고 커피가 준비되어 있다.

about, 아틀리에하모니

서울특별시 성북구 보문로 77-1

화 ~ 금 | 11:00 ~ 19:00 토 ~ 일 | 11:00 ~ 21:00

@atelier_harmony_official

CAFE 11 | 해로커피

✓ 오래오래 좋은 커피를 함께 나누고픈 공간

성북동 골목 안 작은 입간판을 따라 들어가면 중정을 둔 멋진 한옥 건물이 모습을 드러낸다. 해로커피의 '해로'는 '백년해로'에 쓰이는 偕(함께 해), 老(늙을 로)의 의미다. 커피로 인연을 맺은 사람들과 오랫동안 즐겁게 지내고 싶은 마음이 담겨있다.

2021년 서울커피가이드와 2022년 블루리본에 선정될 정도로 커피 맛이 좋기로 유명하다. 직접 로스팅한 원두를 사용하며 에스프레소 커피와 드립 커피 등 다양한 커피 메뉴가 준비되어 있다. 또한 매일 아침 굽는 고소한 스콘과 쿠키는 커피와 곁들이기 좋다.

/
소란스러운 도심 속 도시와 단절된듯한 조용한 공간에서 맛있는 커피와 편안한 시간.

about, 해로커피

서울특별시 성북구 성북로 19-3
매일 | 11:00 ~ 22:00
@haerocoffee

CAFE **12** | 서울상회

서울상회

✓ 달콤한 아인슈페너와 즐기는 평온한 보신각 뷰

직장인들의 바쁜 점심시간을 여실히 느낄 수 있는 종각역 거리. 그 속에서 느림의 미학을 실천하는 카페가 있다. 밥집과 술집으로 가득한 골목 안, 낡은 건물의 3층은 바쁜 거리와는 전혀 다른 공기가 흐른다. 한눈에 들어오는 보신각과 푸른 나무들, 그런 자연과 어울리는 나무 인테리어는 추운 겨울에도 마음을 따뜻하게 한다. 운이 좋으면 보신각의 종소리도 들을 수 있다.
매주 새로운 스페셜티 드립 커피를 제공하고 달콤한 아인슈페너와 카카오크림 커피가 대표적이다. 디저트로는 단호박 콩크림 케이크, 호두 치즈 곶감 말이 등 공간의 분위기와 어울리는 메뉴로 준비되어 있다. 디저트는 몸에 부담감이 없도록 밀가루와 유제품을 거의 사용하지 않는다.

/
평온한 보신각 풍경과 달콤한 커피에
조급했던 마음이 천천히 진정된다.

about, 서울상회

서울특별시 종로구 관철동 45-8 동강빌딩 3층
수 ~ 월 | 12:00 ~ 21:00
@seoul_sang_hoe

CAFE **13**

수연산방

✓고택에서 운치 있게 즐기는 전통 차와 디저트

수연산방은 전통 한옥에 문을 연 전통 찻집 1호로 상허 이태준의 고택을 손녀가 찻집으로 개조한 곳이다. '여러 사람이 모여 산속의 집에서 책 읽고 공부한다'라는 의미를 담고 있는 이곳은 예스러운 정취를 가득 담고 있다. 입구에 들어서면 사랑방과 안방, 마루까지 6개의 차탁이 마련되어 있는데, 특히 햇살이 잘 드는 사랑방 바깥쪽 자리가 인기가 많다. 따뜻한 날, 마루에서 정원을 감상하며 차를 마시기 좋다.

각종 전통차와 디저트를 취급하는데 대표 메뉴는 생강차와 단호박 디저트다. 몸을 따뜻하게 해주는 생강차는 겨울의 추위를 이겨내게 해주고, 시원한 단호박 빙수는 여름의 더위를 씻어내준다. 손으로 일일이 거른 단호박 범벅은 별미로 즐기기 좋다.

/
공간마다 각기 다른 매력을 느끼며 수연산방만의 고즈넉함을 즐길 수 있다.

about, 수연산방

서울특별시 성북구 성북로26길 8

수 ~ 금 | 11:30 ~ 18:00 토, 일 | 11:30 ~ 22:00

CAFE 14 | 이이알티망원

✓ 일본식 정원에서 맛보는 프리미엄 티와 커피

'eert'는 'tree(나무)'를 거꾸로 한 이름으로 일본식 정원을 모티브로 만들어진 공간이다. 서울의 성수동을 본점으로 연희동과 대구 등에 지점이 있고 그중 망원점은 세 번째 지점이다. 오래된 주택에 나무와 천 등 자연적인 소재를 사용하여 동양미가 돋보이는 공간이다.

자갈이 깔린 카운터에서 주문을 하고 1층의 바 자리에 앉으면 커피와 차를 내리는 모습을 볼 수 있다. 차를 주문하면 무쇠 포트에 물을 끓이는 것부터 시작하는데, 수증기가 오르며 서서히 끓어오르는 모습을 지켜보는 것만으로도 마음이 차분해진다. 디저트 역시 정성이 담긴 상자 형태로 준비되어 있다. 정갈한 나무 상자에 모나카, 휘낭시에, 다쿠아즈 등 다양한 색과 모양의 디저트가 담겨 나온다.

/

이이알티만의 방식으로 블렌딩한 다양한 종류의 차와 드립 커피를 즐길 수 있다. 차는 차호에 옮겨 찻잔과 함께 제공되고 나뭇잎 모양 차 망에 찻잎을 올려 제공한다.

about, 이이알티망원

서울특별시 마포구 포은로 105-1

매일 | 12:00 ~ 22:00

@eert_official

CAFE **15** | # 오버스토리

✓높은 언덕 위 서울을 한 눈에 볼 수 있는 식물 카페

성북동 끝자락, 높은 언덕을 오르면 보이는 하얀 세모 건물 오버스토리. 그리너리 스튜디오를 겸하는 곳으로 푸른 식물과 우드톤의 인테리어가 어우러진 싱그러운 공간이다. 높이 오른 만큼 숲과 도시가 공존하는 멋진 전경을 볼 수 있어서 뷰 맛집으로도 유명하다. 햇살 좋은 날, 창가 자리에서 감상할 수 있는 서울의 모습은 이곳의 시그니처답다.

100% 예약제로만 운영되어 붐비지 않고, 적당히 거리가 있는 시간을 보낼 수 있는 것이 장점이다.

/
오버스토리의 자연스러운 모습과 잘 어울리는 진하지 않은 드립 커피와 프리미엄 티. 은은한 향을 느끼며 차분한 힐링 타임을 가질 수 있다.

about, 오버스토리

서울특별시 성북구 선잠로2다길 13-13
화 ~ 토 | 13:00 ~ 21:00
@overstory.seongbuk

CAFE 16

1인 1잔

✓ 한옥마을에서 즐기는 복합문화공간

서울 끝자락, 북한산에 맞닿아 있는 은평한옥마을은 주말에도 다른 곳보다 사람이 적어서 조용하게 힐링하고 싶을 때 방문하기 좋다. 들어서기 전 도로에서부터 눈에 띄는 '1인1잔'은 한옥마을의 분위기를 미리 느끼기 좋은 카페다.

큰 규모를 자랑하는 곳으로 1층, 2층, 5층, 6층은 카페, 3층은 쇼룸, 4층은 '1인1상' 레스토랑으로 운영되고 있다. 현대적인 건물 위에 한옥이 있어서, 외관에서부터 전통과 모던함의 조화를 느낄 수 있다. 이러한 콘셉트는 내부로도 이어진다. 한옥 구조 인테리어에 모던한 가구들을 배치해 개성 있는 공간을 연출했다. 가장 마음에 드는 자리는 3층 가장 끝, 한옥 구조의 좌석이다. 건물 모퉁이가 곡선 형태의 통유리로 되어서 은평한옥마을과 북한산을 파노라마 뷰로 감상할 수 있다.

/
커피와 차는 물론이고 공간의 분위기와 어울리는 꽃송편, 앙금 절편, 두텁떡 등 한국적인 디저트가 준비되어 있다. 더욱 특별한 추억을 남기고 싶다면 여러 가지 디저트를 한 번에 맛볼 수 있는 디저트 한상차림도 좋다.

about, 1인 1잔

서울특별시 은평구 연서로 534
화 ~ 일 | 10:00 ~ 21:30
@1in_official

coffee & donut

love this spot,

02
편안하고 자유로운 공간

CAFE 17

포트레이트 커피바

직접 로스팅한 신선한 필터 커피의 매력

복작복작한 망원시장 바로 옆 골목, 전혀 다른 분위기의 커피바를 만날 수 있다. 널찍한 공간 속 여유로운 테이블 배치, 전면부의 넓은바 테이블은 다가가기에 편안한 구조다. 차분한 민트 컬러의 로고와 우드 계열의 인테리어 역시 그러한 요소 중 하나다.

/
곳곳에 배치된 포스터와 작은 화분들, JBL 스피커와 잡지렉 등 트렌디한 소품들은 이곳을 더욱 감각적으로 만들어준다.

포트레이트 커피바는 커피 원두를 직접 로스팅하기 때문에 커피 본연의 맛을 느끼고 싶다면 에스프레소나 필터 커피를 추천한다. 달달한 커피를 좋아한다면 여지없이 코코넛 비엔나를 추천한다. 고소한 우유 베이스에 쌉싸름한 에스프레소, 달콤하고 쫀득한 크림으로 포인트를 준 커피로 모양도 맛도 잊기 어렵다. 로고가 새겨진 플랫한 유리잔 굿즈와도 가장 잘 어울리는 음료다. 커피 외에는 치즈케이크와 티라미수 등 톤이 비슷한 디저트가 준비되어 있다. 저녁에 즐기기 좋은 다양한 종류의 하이볼이 있는 것 또한 숨겨진 매력이다.

about, 포트레이트 커피바

서울특별시 마포구 포은로8길 32

매일 | 11:00 ~ 22:00

@portrait_coffeebar

CAFE **18**

춤

✓ 다양한 개체들이 조화를 이루는 개성 강한 공간

구 모양 조명과 육면체 스툴에서는 형태의 조화가, 빛의 3원색을 이용한 브랜딩에서는 색의 조화가 느껴진다. 차분한 분위기 속에서 리듬을 만들며 회전하는 조형물은 상반되는 분위기를 융화시킨다. 각기 다른 특징을 가진 것들의 어울림을 지향하는 공간이 바로 여기 '춤'이다.

잔잔한 분위기 속에 임팩트 있는 개체들을 적극적으로 활용하여 반전을 준 것이 이곳만의 포인트다. 시그니처 음료 역시 그 역할을 톡톡히 해낸다. '복자', '낙원', '일몰' 등 이름부터 눈길을 사로잡는 메뉴들은 미니멀한 이곳의 인테리어와 상반되며 각각의 개성을 뽐낸다.

해가 지면 춤은 와인을 즐길 수 있는 바로 변신한다. 다양한 형태로 변화하는 '춤'의 매력은 끝이 없다.

/
'낙원'은 고수 다발이 녹색 음료 위로 장식되어 있는데, 레몬과 라임, 민트, 그리고 고수가 혼합되어 상큼함과 향긋함이 느껴진다.

about, 춤

서울특별시 중구 퇴계로 220 2층
월 ~ 토 | 12:00 ~ 22:00 일 | 12:00 ~ 20:00
@chum_chungmuro

CAFE 19 | 스모코가이즈

✓ 노동자들의 황금 같은 휴식 시간을 위한 편안한 공간

노동자들의 스모코 타임을 알리는 한 마디 "Smoko Guys!"
스모코 타임(Smoko time)은 호주와 뉴질랜드에서 사용되는 노동 현장의 쉬는 시간을 뜻하는 말이다. 뉴질랜드의 여러 공장의 칸틴(Canteen, 구내식당)을 모티브로 꾸며진 스모코가이즈는 그곳에서 일했던 사장님의 경험을 담아 만들어졌다.

매장 내에서는 브랜드 모티브를 살려 마오리 언어를 사용하는데, 예를 들면 커피는 '카휘(KAWHi)', 휴식은 '오끼오끼(OKiOKi)'로 부른다.

매장에는 바 테이블과 2인석의 철제 테이블, 소파가 있는 낮은 테이블 등 다양한 형태의 좌석이 있다. 휴식을 취하기 편한 곳을 찾아 스모코 타임을 즐길 수 있다.

/

카휘 외에는 샌드위치와 디저트, 맥주와 와인까지 준비되어 있다. 스모코가이즈에서 준비한 맛있는 메뉴들로 SMOKO GUYS!

about, 스모코가이즈

서울특별시 마포구 토정로3안길 29
매일 | 12:00 ~ 22:00
@smokoguys

CAFE 20

모타운서울

✓ 볕이 따스한 가정집처럼 편안하고 싱그러운 공간

기분 좋아지는 하늘색과 밝은 우드 계열의 가구, 노란색 입간판으로 포인트를 준 브런치 카페 모타운서울. 예쁜 가게들이 모여 있는 송리단길에서도 싱그러운 컬러로 눈에 띄는 곳이다.
벽 전체가 네모 타일로 되어 있어서 카페 전체가 하나의 키친 같은 이미지를 준다. 너무 많지도 적지도 않은 테이블 수와 적당한 공간, 그리고 친숙한 벽면 인테리어가 더해져 편안하게 쉴 수 있는 집 같은 안락함이 느껴진다.

/
이국적인 맛과 비주얼을 자랑하는 네 종류의 샌드위치와 토스트는 부담스럽지 않은 커피 맛과 잘 어울린다. 커피가 담긴 스택 머그는 모타운서울만의 굿즈로 솔드아웃될 정도로 인기가 많다.

about, 모타운서울

서울특별시 송파구 백제고분로45길 34-6

화 ~ 일 | 10:00 ~ 19:00

@motown.seoul

CAFE 21

카페루헤

✓ 음악과 라이브, 커피가 함께 하는 공간

경희대학교 인근에 있는 카페루헤는 분위기 좋은 음악 감상소 같은 공간이다. 카페에 들어서면 가장 먼저 거대한 스피커와 벽에 진열된 LP판들이 눈에 들어온다. 그 사이사이로 다양한 형태의 조명들이 은은하게 빛을 내며 공간을 따스하게 채운다.

카페루헤는 사장님 부부가 운영하는 곳으로 음악과 관련된 인테리어는 작곡가인 남자 사장님의 직업을 잘 보여주는 부분들이다. 천천히 살펴보면 기타와 트럼펫 같은 악기도 발견할 수 있고 한쪽에는 음향 기기도 볼 수 있다. 가게에서 흘러나오는 센스있는 선곡들 역시 사장님의 플레이 리스트 속 음악들이다. 아날로그 음악에 관심이 있다면 보유하고 있는 LP판을 들고 방문해보자. 사장님이 직접 플레이해 주는 음악을 다른 사람들과도 공유할 수 있다.

/
이제 막 시작한 카페루헤는 계속 변화할 예정이다. 커피만 마시는 공간이 아닌 라이브 공연을 하고, 액세서리를 제작하는 복합적인 공간으로 계속 될 예정이다.

about, 카페루헤

서울특별시 동대문구 경희대로1가길 8 2층
월 ~수, 금 ~일 | 15:30 ~ 21:00
@ruhecoffee

CAFE 22 | 퇸스

✓ 스피커 속에 들어온 듯 음악 가득한 차분한 공간

송리단길의 메인 거리를 지나, 고즈넉한 골목을 꺾어 들어가는 곳. 롼스는 그 건물 1층에 조용히 자리를 잡고 있다. 창문이 가득한 외관이 인상적인데 마치 '알텍 A-7' 스피커에 달린 혼 모양을 닮았다. 롼스의 풀네임 '5 lawns 7:04'은 사장님이 좋아하는 가수인 칼라 블레이(Carla Bley)의 'Sextet' 앨범 중 5번 트랙 제목 'Lawns'와 연주 시간 7분 4초를 합쳐서 만든 이름이다. 노래에서 이름을 딴 만큼 음악에 관심이 많고, 취향이 비슷한 두 명의 사장님이 운영하고 있다.

밝은 톤의 외관과 다르게 내부는 짙은 우드 계열로 꾸며져 있다. 안팎의 명도 차이 때문인지 더욱 깊은 곳으로 들어가는 느낌이 들면서 마치 스피커에 들어가는 기분이다. 잔잔하게 들리는 음악과 창문들 사이로 보이는 한적한 송파동의 풍경, 달콤한 커피까지 더해져 더할 나위 없는 주말 오후가 완성된다.

/
정면에는 묵직한 느낌의 검은색 커피 바와 스피커가 있어서 음악을 감상하고 싶다면 바 앞의 좌석을 추천한다.

about, 론스

서울특별시 송파구 백제고분로43길 8
화 ~ 일 | 12:00 ~ 22:00
@5_lawns_7_04

CAFE 23 카페마달

✓포근한 니트와 잘 어울리는 따뜻한 자연 친화적 공간

한적한 주택가, 하얀 벽돌과 나무 프레임, 개방감 있는 통창으로 이뤄진 카페마달. 안을 들여다보면, 내부를 꾸미고 있는 목제 가구들이 마치 시간이 흐르며 하나둘씩 자라난 것처럼 화분들과 자연스럽게 자리 잡고 있다. 유리창에는 카페의 이름이 간결하게 적혀있고, 그 아래에는 독일 니트 브랜드 '로이흐트포이어 슈트릭바렌(LEUCHTFEUER STRICKWAREN)'의 로고가 있어 이국적인 느낌을 한 스푼 더한다.

입구에서 바로 보이는 커피바에는 정성스럽게 구워진 스콘과 와플이 진열되어 있다. 심플한 모양만큼이나 담백한 맛이 어떠한 커피와도 잘 어울린다.

/
매대 옆 바구니에는 알록달록한 비니가 담겨있다. 유리창에서 만났던 로이흐트포이어 브랜드의 제품으로 따뜻한 가게의 분위기와도 잘 어울린다.

about, 카페마달

서울특별시 송파구 백제고분로45길 23-5
매일 | 12:00 ~ 22:00
@cafemadal

CAFE **24**

락떼스피릿

✓락 스피릿 가득한 빈티지 락카페

망원동 한적한 골목에 있는 락떼스피릿은 홍대에서 오랫동안 DJ를 한 사장님이 록에 대한 애정을 가지고 만든 곳이다. 외관과 인테리어에 나무 소재를 사용하여 따뜻한 느낌이 들고, 빈티지하면서 이국적인 소품들이 가득하다. 의자와 문, 행거 등 대부분 가구는 50년 이상 된 영국과 미국 제품이며 벽면에 걸린 뮤지션들의 사진 액자와 서프보드는 사장님이 오랫동안 보관해온 개인 소장품이다. 공간과 어울리는 1970~1980년대 블루스는 매주 사장님이 직접 업데이트 하는 음악이다.

커피는 고소한 라떼 위에 바닐라 크림이 듬뿍 들어가는 '비엔나 닐라'를 추천한다. 우유의 양을 조절할 수 있어서 기호에 맞게 즐길 수 있다.

/
친절한 사장님 덕분에 마치 외국에 있는 친척 집에 방문한 느낌이다. 핸드메이드 디저트는 정겨운 분위기를 더해주는데, 특히 쿠키는 재료를 아낌없이 가득 넣어 만들어서 견과류를 좋아하는 사람에게 추천한다.

about, 락떼스피릿

서울특별시 마포구 희우정로20길 65
수 ~ 일 | 12:00 ~ 21:00
@rockttespirit

CAFE 25

문래방구

✓없는 게 없는 개성 만점 문래동 문방구

중소 철공소들이 모여있는 문래동에 젊은 예술가들이 작업실을 만들며 탄생한 문래창작촌. 예술 작업실 마을로도 불리는 이곳에는 다양한 콘셉트의 카페와 식당들이 존재한다. 그중 문래방구는 문래동의 특징을 가장 잘 담고 있는 가죽공방 겸 카페 공간이다.
문래방구는 '문래동'과 '문방구'의 합성어로 가죽 제품 브랜드인 초록스튜디오에서 운영한다. 철공장을 개조하여 탄생한 공간답게 벽돌을 쌓아 만든 커피바와 좌석, 늘어져 있는 전선 등으로 인더스트리얼 무드를 제대로 보여준다. 여기에 알록달록한 컬러의 레트로 디자인을 더하여 개성 넘치는 복합문화공간이 되었다.

카페메뉴 역시 특색있는데, 간편하게 꺼내 먹기 좋은 추억의 땅콩 과자와 한번 들으면 잊기 힘든 이름의 '방구라떼'가 있다. 방구라떼는 적당한 산미가 들어있는 라떼 위에 달콤한 크림이 올라간 커피다.

/
인센스, 연필, 컵 등의 소품 판매와 카페 안쪽의 가죽공방에서는 원데이 클래스를 진행한다. 또 지역 내 창작자들과 소통하며 복합문화공간으로써의 역할을 충실히 해내고 있다.

about, 문래방구

서울특별시 영등포구 경인로 763
월, 수~금 | 12:00 ~ 18:00 토 ~ 일 | 12:00 ~ 18:00
@mullaebanggu

CAFE **26** | # 필구커피

√ 작고 활기찬 불광천변 커피 대장

불광천 골목 어귀에 6평 남짓한 공간을 알차게 이용하여 오픈한 필구커피. 힘차게 걸어 나가는 자세의 필구커피 캐릭터는 이곳만의 활기찬 무드를 반영하였다.

시그니처 메뉴이자 가장 인기가 많은 멜로우 크림 라떼는 작은 마시멜로가 듬뿍 올라간 크림커피다. 오직 아이스로만 준비되고 따뜻한 버전은 겨울에만 한정으로 만날 수 있다.

/
작지만 소중한 필구커피로
LET'S GO EAT!

MADE IN ITALY

about, 필구커피

서울특별시 은평구 불광천길 442-29
월, 수 ~토 | 11:00 ~ 21:00 일 | 11:00 ~ 19:00
@filgucoffee

CAFE 27 | 때가이르매

✓ 계절의 절정을 만끽할 수 있는 특색있는 디저트 숍

"now is the time, 때는 바로 지금이에요" 쇼윈도에 진열된 시선을 사로잡는 화려한 케이크들과 바리스타가 만들어주는 꾸덕꾸덕한 크림이 듬뿍 올라간 음료들. 때가이르매를 떠올리면 공간에 앞서 디저트가 먼저 떠오른다. 짙은 검은색의 차분한 인테리어로 디저트들을 더욱 빛나게 하는 공간이다.

2017년부터 운영해온 때가이르매는 치킨 케이크, 햄버거 케이크 등 특색 있는 디저트로 인기를 끌면서 점점 더 성장했다. 여러 모습을 거쳐 현재의 자리까지 디저트에 대한 내공은 점점 더 단단해졌다. 요즘 가장 많은 인기를 누리는 케이크는 우뚝 솟은 산을 닮은 말차 파운드케이크. 생크림이 들어있는 초코 파운드케이크에 진한 말차 크림을 발라 달콤하면서 쌉싸름한 맛이 느껴진다.

/
남산타워가 보이는 5층 루프탑에서는 언제든 계절의 절정을 만끽할 수 있다. 그 시간이 바로 디저트를 즐길 때.

about, 때가이르매

서울특별시 용산구 두텁바위로 8 4층
월~금 | 12:00~22:00 토~일 | 12:00~21:00
@ddaega_ireumae

CAFE 28 | 고로커피로스터스

✓ 수준 높은 커피와 디저트를 만날 수 있는 아늑한 사랑방

정겨운 부부 사장님이 운영하는 동네 사랑방 같은 고로커피로스터스. 2017년 5월부터 운영을 시작하여 2019년 2월 서울대입구역 근처 조용한 주택가에 있는 지금의 자리로 이사했다.

'고로'는 용광로(불)를 뜻하는 단어로 카페 심볼에서부터 모닥불 이미지를 찾을 수 있다. 인테리어 역시 모닥불에 옹기종기 모여 마음을 나눌 수 있는 따뜻한 공간을 바라며 디자인하였다. 원목 가구와 은은한 조명은 이러한 바람을 잘 반영하여 편안함과 아늑함이 느껴진다.

/
〈2019 마스터오브카페〉 수상, 〈서울카페쇼 공식 파트너〉 선정등 경력만큼이나 깊이 있는 커피 맛도 자랑거리다. 매일 브루잉과 디저트 라인업을 다르게 제공하고, 새로운 라인업은 인스타그램에서 확인할 수 있다.

about, 고로커피로스터스

서울특별시 관악구 남부순환로231길 33
월, 화, 금 | 11:00 ~ 19:00 토, 일 | 11:00 ~ 21:00
@gorocoffeeroasters

CAFE 29

바렌나 에스프레소바

✓ 송리단길에서 만나는 이탈리아 소도시

송리단길 중심 거리에서 나와 송파나루역 쪽으로 걷다 보면 작은 이탈리아를 만날 수 있다. 이탈리아의 소도시, 코모호수를 끼고 있는 작은 마을 '바렌나'에서 이름을 따온 바렌나 에스프레소바.

기본 에스프레소부터 크림이 올라간 콘파냐, 레몬과 곁들여 먹는 카페 로마노까지 다양한 에스프레소를 판매한다. 또 레모네이드처럼 논커피 메뉴도 있어서 선택의 폭이 다양하다. 평소 카페모카 같은 초콜릿이 가미된 커피를 즐긴다면 '카페 쇼콜라토'를 추천한다. 묵직한 에스프레소에 크림과 초콜릿, 카카오가 들어가서 달콤하면서도 쌉싸름한 맛을 느낄 수 있다.

/
풍미 가득한 에스프레소 한 잔에
여유로움이 넘치는 이탈리아 감성, 바렌나를 만나보길.

about, 바렌나 에스프레소바

서울특별시 송파구 백제고분로 435

월 ~ 화, 목 ~일 | 10:00 ~ 20:00

@varenna_espressobar

CAFE **30**

이미커피

✓ 디저트와 최상의 커피 페어링을 제공하는 공간

이미커피는 마음에 드는 디저트를 고르면 그에 맞는 커피를 내어주는 곳으로 커피와 디저트 애호가들의 필수 코스다. 계절마다 방문했었는데, 특히 겨울에 먹었던 디저트와 커피가 기억에 남는다. 폭신한 제누와즈에 딸기가 듬뿍 올라간 '프레지에 딸기 케이크'를 선택하니, 스트로베리 초콜릿 원두를 사용한 드립 커피를 추천받았다. 은은한 딸기향이 감도는 커피와 케이크를 함께 먹으니 입안에 딸기를 가득 머금은 느낌이었다.

/
디저트에 딱 맞는 최상의 커피 페어링이 궁금하다면, 이미 커피를 방문해보자.

about, 이미커피

서울특별시 마포구 동교로25길 7
수 ~ 일 | 12:00 ~ 21:00
@imi.coffee

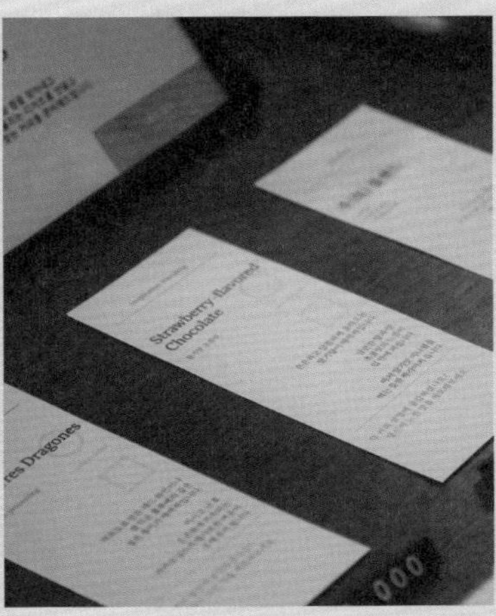

CAFE 31 | 폼앤노말

✓늦은 저녁까지 카페와 펍을 함께 즐길 수 있는 활기찬 공간

& NORMAL
GO DRINK MUSIC DESSERT WHISKEY BEER
NOT FADE AWAY
foamal

신림역 근처, 주택과 상가가 밀집된 복잡한 골목 안에 자리 잡은 폼앤노말. 처음에는 '포말커피'라는 상호였는데 이국적인 콘셉트를 살려 리브랜딩 했다. 널찍한 간판과 창에 큼지막이 그려진 글자는 미국의 빈티지한 가게가 떠오른다. 내부는 전체적으로 짙은 우드톤 인테리어에 바닥은 체스판 모양으로 개성을 더했다. 1층부터 2층까지 좌석이 꽤 많은데도 주말에는 사람으로 가득 찬다. 여러 테이블과 커피바가 한곳에 있는 1층과는 다르게 2층은 공간이 분리되어 있어서 비교적 차분한 분위기로 즐길 수 있다.

주력 디저트는 아이스크림이 올라간 달콤한 브라우니와 바스크 치즈케이크가 있다. 밤에는 즐기기 좋은 맥주와 위스키도 즐길 수 있다.

/
입구에서 바로 보이는 넓은 커피바는 카우보이들이 다녀갈 것 같은 다이닝 펍을 연상시킨다.

about, 폼앤노말

서울특별시 관악구 신림로67길 25
월, 수 ~ 일 | 11:00 ~ 22:00
@foam_normal

CAFE 32 | 나아

✓다양한 소품 속에서 나의 취향을 발견하는 공간

성북동 누들거리를 걷다 보면 작은 골목에 있는 나아를 발견할 수 있다. 일상을 더욱 '나답게' 만들어가자는 의미에서 지어진 '나아(NAW)'는 취향이 묻어나는 소품을 통해 문화를 공유하는 공간이다.

깔끔한 화이트톤 바탕에 알록달록한 가구와 소품들이 눈에 쏙쏙 들어온다. 한쪽 벽을 가득 채운 커다란 진열장에는 신중하게 고른 예술적인 아이템들이 전시되어 있다. 카페 메뉴는 수프와 토스트 등 브런치로 먹기 좋은 음식이 준비되어 있다.

/
분리된 작은 공간에는 턴테이블과 LP 판도 준비되어 있어 사장님의 음악 취향을 엿볼 수 있다. 타인의 취향을 향유하며 내가 좋아하는 것은 무엇일까 힌트를 찾을 수 있는 공간.

about, 나아

서울특별시 성북구 성북로18길 13
월 ~ 토 | 11:00 ~ 22:00
@naw_seoul

CAFE **33**

오디너리핏

✓연희동 언덕 위에서 만나는 카페 드림팀

연희동의 좁고 가파른 골목길을 오르면 큰 주택을 개조하여 만든 복합문화공간이 나타난다. 현관 앞의 돌계단을 올라 전시관과 소품 샵을 지나 건물의 가장 높은 곳에 도착하면 비로소 카페 오디너리핏이 보인다. 오름을 반복한 만큼 오디너리핏은 멋진 풍경을 볼 수 있는 것으로 유명하다.

커피는 핸드드립으로 서브 되며, 매달 새로운 로스터리의 원두로 메뉴가 꾸려진다. 커피와 함께하기 좋은 쿠키와 잠봉뵈르도 준비되어 있다. 특히 잠봉뵈르는 퀄리티 좋은 잠봉과 버터로 만들어져 풍미가 좋으며, 약간의 매콤함을 더한 할라페뇨와 바질을 섞어 만든 소스를 곁들일 수 있어서 기호에 맞는 든든한 한 끼를 즐길 수 있다.

/
3층 테라스 자리에서 보이는 탁 트인 하늘과 한
눈에 감상할 수 있는 연희동

about, 오디너리핏

서울특별시 서대문구 연희로 11가길 48-23 3층
화 ~ 일 | 12:00 ~ 20:00
@ordinary.pit

{red velvet cake}

love this spot,

03
감각적이고
비주얼한
공간

CAFE 34 | 4560디자인하우스

✓ 시대별 MCM 스타일 전시를 볼 수 있는 복합문화공간

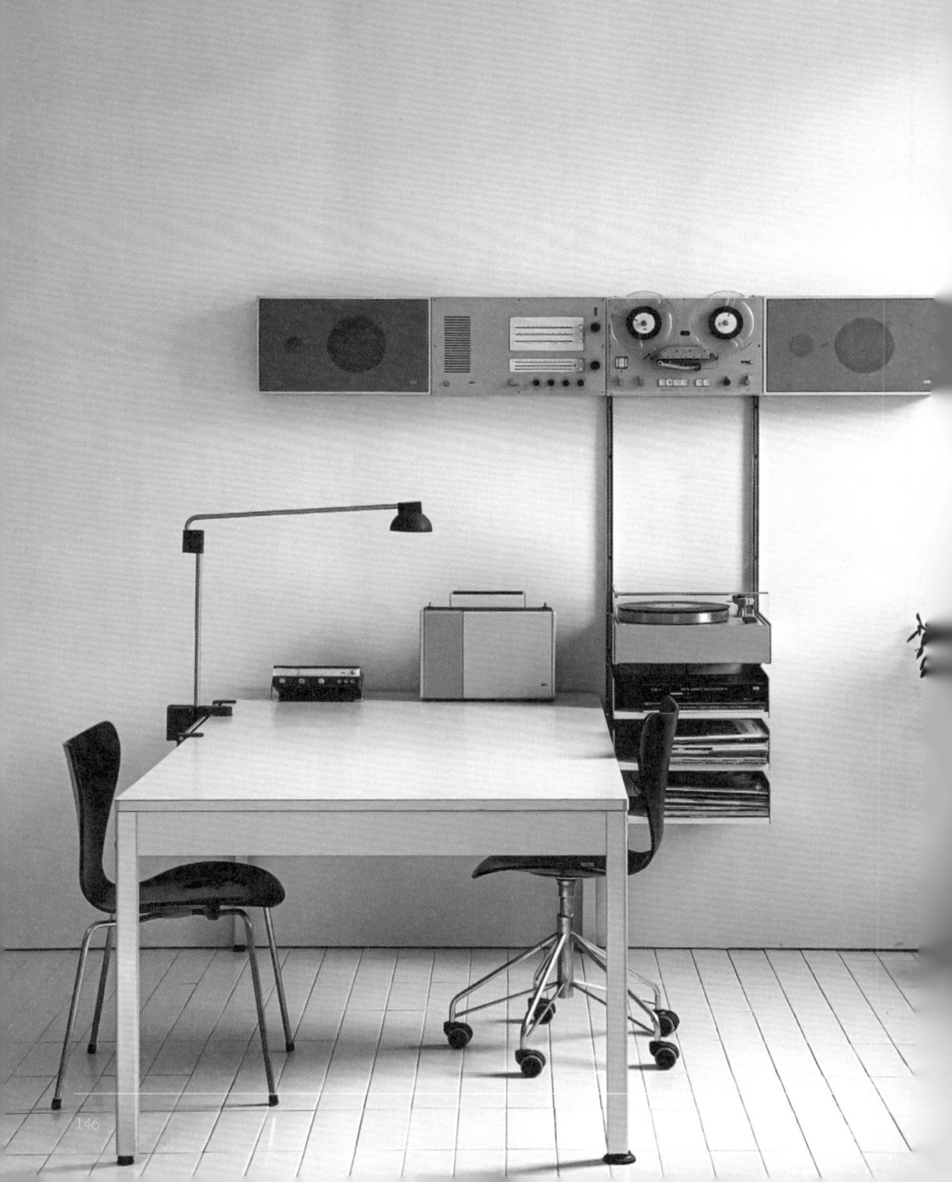

1940~1960년대 미국을 중심으로 유행한 '미드 센추리 모던(Mid-Century Morden)' 스타일은 2000년대 초반부터 다시 유행하기 시작해서 지금까지도 꾸준한 사랑을 받고 있다. 주로 카페나 주택의 인테리어에서 많이 볼 수 있는데 낮은 채도를 기본 바탕으로 하여 강렬한 원색 가구와 소품으로 포인트를 주어 실용적이면서 간결한 디자인을 추구한다.

4560디자인하우스는 이러한 미드 센추리 모던 스타일을 더 깊게 탐구할 수 있는 곳이다. 1950대부터 1990년대의 미니멀리즘 디자인 제품들로 구성된 개인 콜렉팅 공간으로 전시 관람과 커피를 마실 수 있는 뮤지엄 카페다. 20세기 최고의 산업 디자이너인 디터 람스의 작품을 비롯해 오디오, 조명, 가구 등 많은 양의 제품들을 만나볼 수 있다. 특히 년도 별로 제품을 분류하여 당시의 인테리어 모습을 재현했기 때문에 시대별로 시간 여행을 하는 느낌을 받을 수 있다. 관람을 모두 마치면 휴식 공간이 나오는 구조로, 커피를 마시며 전시에 관한 이야기를 나눌 수 있다.

/
일반인 관람객은 물론 산업 디자이너를 꿈꾸는 학생들, 그리고 개인의 공간을 아카이빙하는 사람들에게 영감과 자극의 기폭제가 되는 곳이다.

about, 4560디자인하우스

서울특별시시 서초구 매헌로16 하이브랜드 3층
화 ~ 일 | 11:00 ~ 21:00
@4560designhaus

CAFE 35

헤비사이드

✓ 정원과 테라스가 있는 언덕 위 뷰 맛집

북아현동의 가파른 언덕을 오르다 보면 조용한 주택가에서 생각지 못한 대형 카페를 만날 수 있다. 헤비사이드는 "이런 곳에 이렇게 큰 카페가…?"라는 생각이 들 정도로 넓은 정원을 가진 주택형 카페다. 통유리로 감싼 1층과 'Heaviside' 이름으로 만들어진 조형물은 마치 오래된 조각가의 집을 떠올리게 한다. 안으로 들어가면 ㄷ자 형태의 세련된 바가 나오고, 맞은편에는 정원을 감상하며 편하게 쉴 수 있는 넓은 공간이 있다.
계단을 올라가면 통유리와 높은 천장으로 탁 트인 개방감을 선사하는 2층이 나온다. 중앙에 멋진 곡선의 원목 테이블이 포인트로 자리 잡고 있고, 이 공간을 중심으로 조용히 책 읽기 좋은 아담한 크기의 방이 마련되어 있다.
햇빛 좋은 날에는 테라스에서 남산타워를 보며 커피를 마시는 것도 좋다. 헤비사이드에서는 커피와 디저트, 그리고 맥주와 와인 등의 다양한 메뉴가 준비되어 있다. 잘 꾸며진 세련된 공간에서 탁 트인 경관과 함께 감각을 깨우는 시간을 가져보는 것은 어떨까.

/
2층으로 통하는 계단 옆에는 빈티지 소품이 나열된 쇼룸이 있다. 헤비사이드의 굿즈를 포함하여 각양각색의 개성을 지닌 제품들은 온라인 스토어를 통해서도 구매할 수 있다.

about, 헤비사이드

서울특별시 서대문구 북아현로26길 31-6
월 ~ 금 | 11:00 ~ 19:00 토 ~ 일 | 11:00 ~ 21:00
@heaviside.archive

CAFE 36 | PERCEPTION 퍼셉션

✓ 국제 대회에서 최고의 상을 수상한 인테리어를 감상할 수 있는 공간

합정동 골목 안, 평범해 보이는 카페 안에 웅장한 천장이 숨어있다. 아름다운 곡선형의 원목 천장은 나무 그늘을 표현한 디자인으로 '2020 국제 A'design Award'에서 인테리어 부분 디자인 최고의 상을 받은 작품이다.

퍼셉션은 독특하게 모든 좌석이 커피바를 바라보는 구조다. 가장 멋진 부분에 자연스럽게 시선이 모이도록 구성한 것인지 실제로 가게의 중심이 되는 바 좌석은 포토존으로 많이 사랑받는다.

커피는 핸드드립 메뉴와 에스프레소를 사용한 아메리카노, 라떼 등이 있다. 메뉴판에는 '그곳의 분위기', '그날의 온도'처럼 눈에 띄는 이름이 있는데, 퍼셉션만의 감성을 담은 시그니처 에스프레소 네이밍이다. 그 외에 마들렌, 휘낭시에 등의 간단한 디저트와 수제 맥주까지 다양하게 판매한다.

about, PERCEPTION 퍼셉션

서울특별시 마포구 어울마당로1길 16
매일 | 10:00 ~ 22:00
@perception.coffee

CAFE 37 | 러프글로스

√ 연남동 끝자락 빈티지 소품의 천국

일자로 쭉 뻗은 연남동 끝자락, 한적한 골목길을 걷다 보면 유독 붉은 조명이 가득한 적벽돌색의 주택을 발견할 수 있다. 반 층 정도의 계단을 올라보면 인센스 향이 코끝을 간지럽히며, 비로소 알록달록한 가구들과 조명들이 그 존재감을 드러낸다. 빈티지 가구숍이 떠오르는 러프글로스는 실제로 빈티지 스토어의 쇼룸 겸 카페로 운영되고 있다.

의자와 테이블, 잡지, 그리고 시계 등 감각적인 제품들이 멋지게 디스플레이된 러프글로스는 한때 주택이었던 건물의 뼈대를 그대로 살려, 지금은 카페가 되었다. 그 덕에 테이블마다 공간이 프라이빗하게 분리되어 있어 편안하게 이용할 수 있고, 또 저마다 조금씩 다른 콘셉트의 공간을 체험하는 재미도 만끽할 수 있다.

/
시그니처 메뉴는 우유 위에 크림과 에스프레소, 카카오닙스가 올라가는 '러프글로스 시그니처'다. 직접 빚은 듯한 독특한 형태의 잔에 담겨 나오는데, 달콤하고 부드러운 크림에 쌉쌀한 카카오닙스가 포인트가 되어 재미있는 식감과 맛을 경험할 수 있다.

about, 러프글로스

서울특별시 마포구 동교로51길 87

수 ~ 일 | 12:00 ~ 22:00

@roughgloss

CAFE 38 | 카페포스터

✓개성 있는 포스터와 빈티지 가구가 가득한 알록달록한 공간

연남동 조용한 골목에 있는 미드 센추리 모던 감성이 가득한 카페포스터. 이름과 어울리게 많은 포스터를 만날 수 있다. 카페에 들어서면 입구에서부터 바로 옆 벽면을 가득 차지한 포스터를 볼 수 있다. 파란 카펫 바닥 위에는 알록달록한 빈티지 가구들이 자신의 자리인 양 어울리게 놓여 있고 곳곳에 숨어있는 귀여운 피규어는 가게의 분위기를 더욱 발랄하게 만든다. 카페 안에 있는 포스터와 가구 및 소품들은 구매 가능하다.

/
감각적인 인테리어와 아늑한 분위기 덕에 카페포스터는 꽤 여러 번 방문했는데, 묵묵히 일하면서 살뜰하게 손님을 챙기는 사장님이 있어서 더 자주 오고 싶은 편안한 공간이다. 시그니처 메뉴 역시 정성이 담긴 크림라떼와 쫀득한 사장님 표 쿠키다.

about, 카페포스터

서울특별시 마포구 연남로3길 13 2층

월 ~ 화, 목 ~ 일 | 12:00 ~ 22:00

@cafe.poster

CAFE 39

오브코하우스

✓ 핫한 디저트가 가득한 감각적인 오피스 콘셉트 공간

Office, Coffee, House의 합성어로 탄생한 'OFCO HOUSE'는 의미 그대로 집처럼 편안한 사무실을 콘셉트로 한 카페다. 1980~90년대 미국 사무실에서 영감을 받은 인테리어로, 철제 캐비닛, 알루미늄 블라인드, 파라보릭 조명 등이 눈에 띈다. 거기에 그린, 아이보리, 브라운 컬러를 사용하여 레트로하면서도 감각적인 느낌을 효과적으로 연출했다. 카페 곳곳에 디자인 포스터가 배치되어 있는데, 이러한 공간 요소를 이용한 그래픽이 담겨있다.

/
메인 디저트로는 크림이 가득한 커피 번이 준비되어 있다.

about, 오브코하우스

서울특별시 성동구 서울숲6길 17 2층
월, 수 ~ 일 | 12:00 ~ 21:00
@ofcohouse

CAFE 40 | 프로토콜

✓ 다양한 사람들의 이야기가 모이는 편안한 작업실 공간

'기억에 남는 공간이란 무엇일까', '누군가는 어떤 커피를 좋아할까' 프로토콜 로스터스는 이런 사소한 질문에서부터 시작하여 오랜 고민 끝에 연희동에 자리 잡았다. 독일어로 '기록'을 뜻하는 프로토콜(protokoll)은 다양한 사람들과의 이야기를 쌓는 작업실을 표방하여 만들어졌다.

다소 차가워 보이는 콘크리트 벽과 직각으로 떨어지는 가구는 창밖의 싱그러운 풍경을 만나 다소 몽환적인 느낌을 준다. 그 속에서 검은 작업복을 입은 바리스타는 커피에만 오롯이 집중할 수 있도록 돕는다. 그래서인지 공간을 감상하다가도 시선은 결국 커피로 향하게 된다.

누군가의 소중한 기록을 위해 프로토콜 구성원들은 각자의 자리에 신중하게 임한다. 섬세하게 신경 쓴 공간과 진중하게 만들어진 커피는 이러한 노력의 결과물이다.

/
테이블마다 배치된 조명, 그리고 곳곳에 설치된 콘센트는 작업에 몰두할 수 있게 해준다. 이곳에서 쌓은 기록이 더 나음으로 나아갈 수 있기를-

about, 프로토콜

서울특별시 서대문구 연희로 109 2층
매일 | 10:30 ~ 22:00
@protokoll.roasters

CAFE **41**

클로드커피

√클로드 모네의 빛을 닮은 따스한 공간

경의선 숲길은 여름이 되면 울창한 나무들이 길을 만든다. 푸른 잎 사이로 햇빛이 번지는 모습에 청량한 여름의 맛이 진하게 느껴지곤 한다. 이 숲길에 자리 잡은 클로드 커피는 따스한 오후와 가장 잘 어울리는 곳이다. 클로드 커피란 이름은 프랑스의 인상주의 화가 '클로드 모네'의 이름을 따서 만들었다. 모네는 빛과 색채를 가장 중요하게 여긴 화가로 다양한 색감과 형태로 사물을 표현하였다.

계단을 올라 2층의 문을 열면 통창으로 따스한 빛이 들어온다. 숲을 연상시키는 창밖 풍경은 시간에 따라 변화하는 빛의 모습을 가장 잘 보여주고, 자연스럽게 어울리는 옅은 색의 나무 바닥은 편안한 분위기를 조성한다. 거기에 세련된 블랙 컬러의 커피바는 포인트 역할을 톡톡히 해낸다. 가장 특색있는 메뉴는 피넛버터 크림과 버터가 들어가 단짠의 조합을 느낄 수 있는 '클로드 커피'다. 가끔 상큼한 과일이 들어간 후르츠 롤을 판매하기도 하니 인스타그램으로 미리 확인하고 방문하면 맛볼 수 있다.

/

모네의 작품처럼 카페 곳곳 따스한 빛이 스며든다.

about, 클로드커피

서울특별시 마포구 백범로16안길 21 2층
월 ~ 토 | 12:00 ~ 20:00
@claude_coffee

CAFE 42 | BBC 브로벨커피

√ 독특한 타이포가 눈에 띄는 모노톤의 멋스러운 공간

성수동 카페거리 끝, 건물 모퉁이에 큰 타이포가 눈에 띄는 가게를 발견할 수 있다. 유리창에 각기 다른 서체로 걸려있는 'BBC'는 이곳의 로고이자, 가게 이름인 '브로벨커피(BroBell Coffee)'의 줄임말이다. 멋지게 브랜딩 된 외관은 브로벨커피의 가장 포인트가 되는 부분으로 포토존이자 간판 역할을 한다.

간결한 모노톤 내부에 공간이 크지 않음에도 통유리로 개방감을 느낄 수 있다. 좌석도 소파가 있는 쉐어 테이블, 창가 앞 원형 테이블, 그리고 바 테이블 등으로 공간을 효율적으로 구성하였다. 시그니처 메뉴는 까만 비주얼의 BBC(Blackbean, Blacksesame, Coffee) 커피로 국내산 검은깨와 검은콩, 마누카 꿀 시럽이 들어간 고소하고 달콤한 커피다. 따뜻한 음료로 주문하면 라테아트가 올려주는데 브로벨커피의 따뜻한 공간 분위기와 잘 어울린다.

/
브로벨커피에는 LP판이 진열되어 있고 턴테이블 음악도 즐길 수 있다.

about, BBC 브로벨커피

서울특별시 성동구 뚝섬로 413
일 ~ 목 | 12:00 ~ 19:00 금 ~ 토 | 12:00 ~ 21:00
@brobellcoffee

CAFE **43** | # 레이어10

✓전시와 젤라또, 카페를 한 곳에서 즐길 수 있는 공간

LAYER10은 공간을 재해석하여 차별화된 장면을 제공하는 렌탈 스튜디오 'LAYER STUDIOS'를 기점으로 카페와 젤라토 숍을 함께 운영하고 있다. 멀리서도 눈에 띄는 차곡차곡 쌓은 유리블록의 건물, 스테인리스 소재와 모노톤으로 이뤄진 인더스트리얼 무드의 공간이다. 감각적인 인테리어 카페답게 내부엔 빈티지 가구 쇼룸만큼 다양한 가구들을 직접 살펴볼 수 있다.

메뉴를 주문하고 작은 계단을 올라가면 전시공간을 발견할 수 있다. 소품과 가구들이 전시되어 있고 구석의 검은색 원형 계단이 포인트가 되어 전시공간을 더 감각적으로 빛나게 한다.

/
시그니처 메뉴는 피스타치오 아이스크림과 에스프레소, 크럼블이 조화를 이루는 피스타치오 크럼블. 부드러운 아이스크림과 쌉싸름한 커피의 조화가 인상 깊다.

about, 레이어10

서울특별시 성동구 상원4길 10
매일 | 11:30 ~ 21:00
@layer_cafe

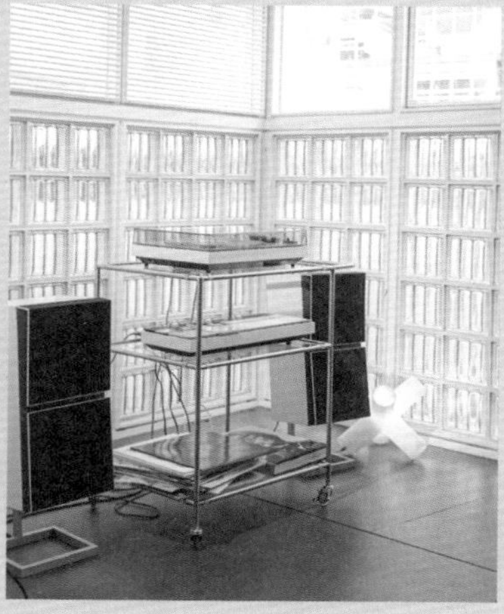

루 틴

✓ 반복되는 일상, 공간의 의미를 생각해보는 시간

강렬한 블랙 컬러가 시선을 사로잡는 모던한 카페 루틴. '일상의 반복에서 안정을 더한다'라는 의미를 가진 루틴은 로고와 인테리어 등 시각적 소재를 통해 공간의 의미를 전달한다.

균등한 크기로 잘린 테린느 역시 루틴의 의미를 담은 디저트다. 치즈, 초코, 맛차 총 세 가지로 간편하게 먹기 좋다.

/
점의 반복으로 시계 모양을 만든 로고와 비슷한 모양의 컵을 균일한 간격으로 진열한 전시공간으로 '루틴'의 정체성을 잘 표현하고 있다.

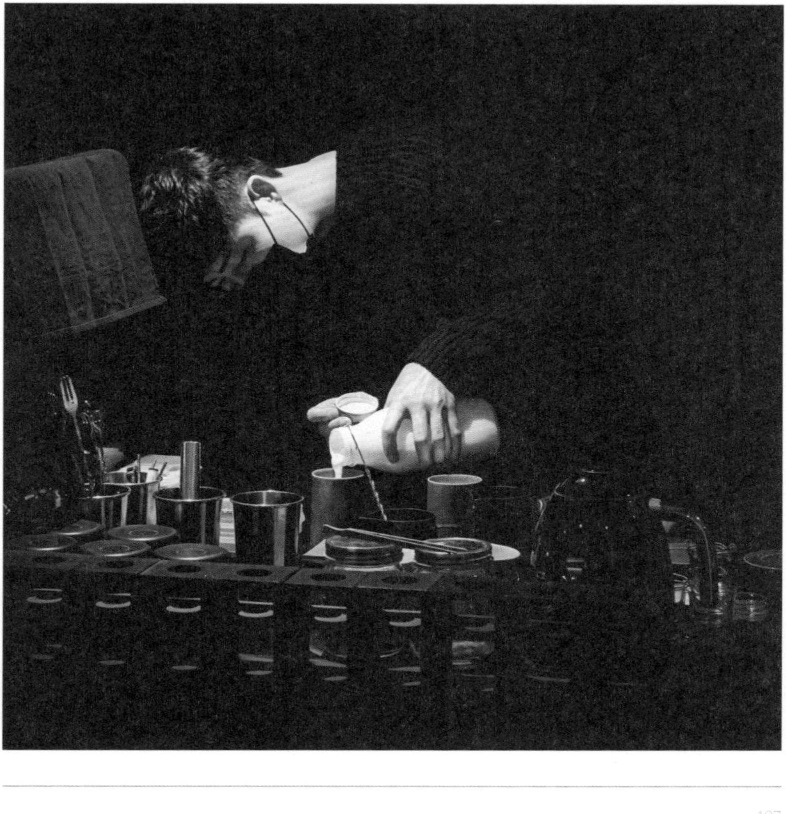

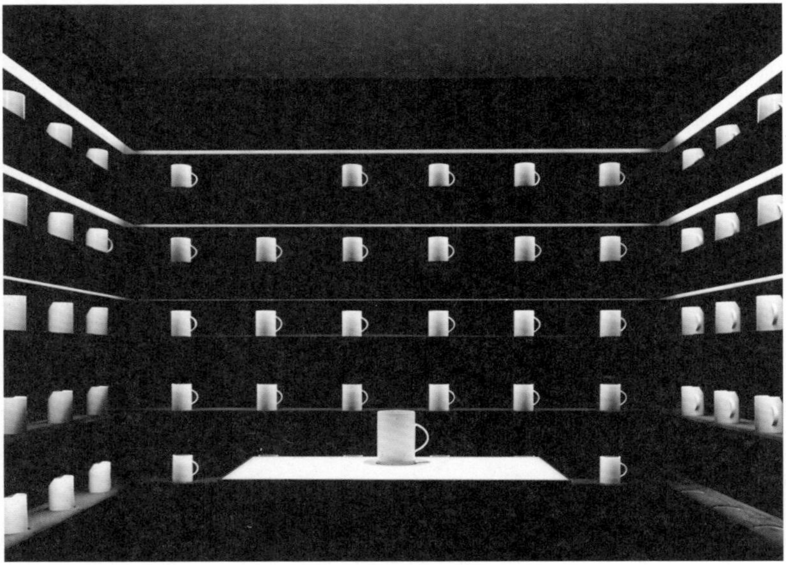

about, 루틴

서울특별시 성북구 보문로34가길 6
매일 | 11:00 ~ 22:00
@cafe.routine

CAFE **45**

아이덴티티 커피랩

✓커피에 진심을 다하는 커피 연구소

서울에서 보기 힘든 시원한 폭포, 그 아래 잔잔하게 흐르는 홍제천과 주변의 울창한 숲. 어딘가 여유로워 보이면서 고즈넉한 분위기를 품은 홍은동과 홍제동 사이, 아이덴티티 커피랩이 자리 잡고 있다. 효창공원역 근처에서 작게 시작했던 카페가 망원동을 거쳐 어느새 이곳의 새로운 아이덴티티로 거듭났다.

차분한 아이보리색 벽과 다양한 원목 소재의 가구들, 곳곳의 작은 화분들은 동네의 정서가 고스란히 담겨있다. 이전부터 커피 맛집으로 꾸준히 입소문이 났던 '커피랩'답게 로스팅과 원두 공급을 직접 하고 있다. 카페 바로 옆에 로스팅 공간이 존재하고, 다양한 스페셜티 원두를 매장과 온라인숍에서 판매하고 있다.

/
신선한 원두의 맛을 느껴보고 싶다면, 바리스타의 손맛이 들어간 브루잉 커피를 추천한다. 커피와 함께 내주는 원두 노트의 설명을 읽으면 커피의 맛에 더욱 집중할 수 있다.

about, 아이덴티티 커피랩

서울특별시 서대문구 모래내로 390

화 ~ 토 | 12:00 ~ 19:30

@identity_coffeelab

CAFE 46 | 원앤온리커피

✓ 작은 골목 안 전통과 현대 양식이 공존하는 공간

이대역과 경의중앙선 신촌역 사이의 좁은 골목에는 이 동네에서 발견하기 어려운 한옥 지붕의 건물이 있다. 아이보리색 건물에 푸른색 기와지붕이 조화로운 이곳은 전통과 모던한 현대 양식이 공존하는 공간이다.

/
외관의 아이보리 톤과 이어지는 빈티지 가구와 다양한 소품들로 꾸며져 있다. 편안하고 트렌디한 인테리어 덕분에 쇼핑몰 등의 상업 사진 촬영 대관도 많다.

about, 원앤온리커피

서울특별시 서대문구 이화여대7길 31-4
월 ~ 토 | 11:00 ~ 21:00
@oneandonlycoffee

CAFE 47 | 테르트르

✓서울 시내를 한 눈에 즐길 수 있는 갤러리형 문화공간

창신역에서 택시를 타고 좁은 골목길을 굽이굽이 올라가다 보면 거대한 건물이 모습을 드러낸다. 반듯한 직각 건물에 균일하게 쌓여있는 붉은 벽돌은 마치 디자인 전시관이 생각나지만, 테르트르는 1층부터 4층까지 겸비한 대규모 갤러리형 카페다.

카페 내부의 모든 인테리어는 직접 디자인하고 제작한 작품들이다. 1층 카운터에서 메뉴를 주문하고 입장하는 형식이며 2, 3층 실내공간과 4층 루프탑에서 전시를 감상하며 음료를 마실 수 있다. 모든 층은 서울 전망을 볼 수 있는 통유리로 되어 있어서 루프탑에서는 시원한 바람과 함께 풍경을 감상하기 좋다. 낮에는 따스한 도시의 전경을, 밤에는 화려하게 빛나는 야경을 볼 수 있어서 언제 방문해도 좋은 공간이다.

/
루프탑에서는 인왕산에서 북악산 자락까지 이어지는 서울의 면면을 파노라마로 시원하게 감상할 수 있다.

about, 테르트르

서울특별시 종로구 낙산 5길 46
매일 | 11:30 ~ 22:30
@tertre_cafe

CAFE 48 | 인크커피

✓ 시즌마다 특별해지는 중정이 아름다운 공간

인크커피 가산점은 지하 1층부터 4층의 루프탑까지 다양한 메뉴와 볼거리를 제공하는 대규모 카페다. 입구에서부터 보이는 거대한 로스팅 머신과 1층부터 지하 1층까지 자리 잡은 베이커리 키친, 사이폰 커피를 만들어주는 3층의 인크 얼라이브까지, 다양한 메뉴를 전문적으로 진행하며 커피와 빵에 진심인 모습을 보여준다.

/

가장 아름다운 장소를 꼽자면 1층 중앙 정원이다. 인크커피의 시그니처 형태인 '원'을 이용하여 만든 중정으로 여름에는 물이 흐르고 겨울에는 크리스마스트리가 세워지는 등 시즌마다 어울리는 테마를 선보인다. 천장 없이 위가 뚫려 있는 구조라서 2층 테라스나 루프탑에서도 시원하게 감상할 수 있다.

about, 인크커피

서울특별시 금천구 가산디지털 2로 127-20

평일 | 8:00 ~ 21:00 주말 | 10:00 ~ 21:00

@inccoffee__

{ mint choco }

love this spot,

04
개성 있고
독특한
공간

CAFE 49 | NEGA

✓ 전통차와 와인이 있는 용산의 낮과 밤

苦盡甘來(고진감래) "쓴 것이 다하면 단 것이 온다"라는 뜻으로, 고생(苦生) 끝에 낙이 온다는 말이다. 엘리베이터 없는 건물의 5층, 힘들게 계단을 올라가면 멋진 용산 뷰를 바라보며 커피를 마실 수 있는 가게가 있다. 술, 커피, 차 등 다양한 메뉴를 즐기기 좋은 '네가'는 낮에는 카페, 밤에는 와인바로 운영된다.

카페의 주력 메뉴는 하동, 운남, 홍차 등의 차, 그리고 필터 커피다. 따뜻하게 마시면 고유의 향을 느끼기 더욱 좋다. 여기에 달콤함을 더하고 싶다면 디저트로 바스크 치즈케이크나 쿠키를 시킬 수 있다. 밤에는 딤섬의 일종인 하가우, 시우마이 등의 스몰 디시가 준비되어 내추럴 와인과 함께하기에도 좋다. 용산의 풍경을 더 시원하게 감상하고 싶다면 6층 루프탑을 추천한다. 용산의 계절을 한눈에 느낄 수 있다.

/

'NEGA'는 네거티브 필름(negative film)에서 따온 이름이다. 그래서인지 곳곳에서 개성 있는 사진들을 발견할 수 있는데, 독특한 소품들과 잘 어우러져서 이곳만의 힙한 무드를 만들어 낸다.

about, NEGA

서울특별시시 용산구 한강대로 11길 21 5층
(카페) 매일 | 12:00 ~ 18:00 (와인바) 수 ~ 일 | 18:00 ~ 23:00
@nega_iso

CAFE **50** | 오오비

오오비

✓ 커피와 와인을 훌륭한 음악과 즐길 수 있는 공간

오오비는 원래 와인바이지만 일찍부터 문을 열어 커피 마시기 좋은 카페를 겸하고 있다. 그래서 와인과 위스키 등 비중이 큰 알코올 메뉴들 사이에 낮에 오는 손님을 위한 드립커피와 분다버그가 준비되어 있다.

빈티지한 원목 가구와 은은한 조명이 가득하여 바의 분위기를 느끼기 좋고, 음악과 관련된 제품이 많아서 음악을 좋아하는 사람들에게 제격이다. 한쪽 벽을 채우고 있는 진열장에는 재즈, R&B, 올드팝 등 다양한 장르의 LP판과 JBL 스피커가 전시되어 있다.

/
음반을 헤드셋으로 직접 청취할 수 있는 공간이 마련되어 있으며, 들어보고 마음에 드는 곡은 신청할 수 있다. 음악을 좋아하는 사람이라면 반할 수밖에 없는 공간.

about, 오오비

서울특별시 용산구 한강대로 268-1 2층
일 ~ 목 | 12:00 ~ 24:00 금 ~ 토 | 12:00 ~ 2:00
@oob_official

CAFE **51** |

힐즈앤유로파

✓LP판과 다양한 세계 음식을 즐길 수 있는 공간

남산 아래 해방촌은 외국인들이 가장 많이 거주하는 동네 중 하나로, 걸음마다 세계여행을 하는 듯한 느낌이다. '힐즈앤유로파(HILLS & EUROPA)'는 이국적인 분위기의 카페 겸 LP 바로 해방촌에 안성맞춤 공간이다. LP 바답게 한쪽 벽면에는 LP판이 빽빽하게 채워져 있고 다른 쪽 벽면에는 아메리칸 소품이 가득 걸려있다.
인기 메뉴는 캐러멜 푸딩인데, 일찍 방문하지 않으면 먹기 힘들 정도의 인기를 자랑한다. 그 밖에 스페니쉬 오믈렛부터 스테이크까지 다양한 디시도 제공한다. 또 엄선한 와인과 시그니처 칵테일, 바리스타가 직접 내리는 핸드드립 등 각 분야의 전문가들의 있어 만족스러운 시간을 보낼 수 있다.

/

음악은 오직 LP판으로만 플레잉한다. 낮에는 주로 재즈와 브라질 음악, 밤에는 그날의 분위기에 따라 댄스 혹은 디스코 음악이 흘러나온다.

about, 힐즈앤유로파

서울특별시 용산구 신흥로 35 2층

화 ~ 일 | 10:00 ~ 22:00

@hillsandeuropa

◇ love this spot

CAFE 52 | 헤미안 커피바

✓ 녹사평대로 언덕 위 정성 가득한 푸딩 맛집

녹사평대로 언덕 모퉁이에 작은 산장 느낌의 카페 헤미안 커피바가 있다. 아치형 나무 대문이 인상적인 이곳은 경리단길의 브런치 맛집인 '헤미안 브런치바'의 두 번째 공간이다. 영어로 'HEMIAN', 일어로 'コーヒーバー (Coffee Bar)'라고 쓰여있는 간판, 개방된 큼지막한 창에서 이국적인 분위기를 느낄 수 있다. 주방은 오픈 키친 형태로 진열장에는 여러 종류의 술이 진열되어 있다. 아담한 공간 덕분에 사장님과 대화를 하거나 커피 만드는 모습을 가까이서 볼 수 있어서 지루하지 않은 시간을 보낼 수 있다. 처음 가게를 열 때부터 푸딩 맛집으로 알려져 단품으로 시작했지만, 현재는 카라멜푸딩, 망고푸딩, 초코푸딩 세 가지 종류를 판매하고 있다. 연유와 크림이 들어간 '오레그랏세'도 많이 찾는 인기 메뉴다. 저녁 시간에 방문하면 와인과 위스키 등의 주류와 간단한 안주도 즐길 수 있다.

/
날씨가 좋을 땐 밖에 의자를 놓고 창가를 테이블로 이용하면 또 다른 새로운 분위기를 느낄 수 있다.

about, 헤미안 커피바

서울특별시 용산구 녹사평대로40나길 16
매일 | 10:00 ~ 22:00
@hemian_coffee_bar

CAFE 53 | 섬광

✓ 힙지로 속 숨어있는 보석 같은 바

새롭고 개성 있다는 뜻의 '힙(hip)'과 을지로의 '지로'가 합쳐진 '힙지로'. 노가리 골목, 인쇄소 골목 사이에 간판도 없는 개성 가득한 공간들이 생겨나면서 을지로는 어느새 힙지로로 불리게 되었다. 이곳에 숨어있는 가게들은 회색빛 골목과는 다른, 반전 가득한 모습을 품고 있다. 충무로역 8번 출구에서 가까운 성원애드피아가 골목 속 '뿜뿜노래방' 간판 건물 5층에 카페가 있다. 짙은 색의 원목 커피바에는 다양한 종류의 술이 나열되어 있고, 벽에 붙은 '閃光' 종이를 중심으로 양옆에 스피커가 설치되어 있다. 일부 원목 가구를 제외하고는, 가구 대부분이 검정 혹은 흰색으로 저채도의 벽과 어우러져 전체적으로 차분한 느낌이다. 창밖으로는 복작복작한 을지로의 풍경이 한눈에 보여, 골목 골목을 살피기 좋다.

차분한 인테리어와 다르게 디저트는 꽤 화려한 편이다. 멜론, 자몽, 바나나, 청포도 등 다양한 과일이 들어간 멜론 파르페와 과일이 듬뿍 올라간 토스트, 초당 옥수수 푸딩과 초코 퍼지 등 특색있는 디저트들이 가득하다. 저녁에는 와인바로 운영되어 낮과 또 다른 무드를 느낄 수 있다. 물론 와인과 곁들이기 좋은 치즈 플레이트와 멜론 프로슈토 등도 준비된다.

/

'순간적으로 강렬히 번쩍이는 빛'이라는 뜻의 섬광. 문을 여는 순간 유니크한 공간이 펼쳐진다.

about, 섬광

서울특별시 중구 창경궁로1길 38 5층
월 ~ 토 | 12:00 ~ 24:00 일 | 12:00 ~ 19:00
@seomgwangbar

◇ love this spot

CAFE 54 | 생텀

✓영화의 한 장면처럼 카페가 된 진짜 차고지

외국 영화를 보다 보면 종종 차고지가 배경으로 등장한다. 갖가지 물건이 쌓여있는 차고지에서 시간을 보내는 것을 보고 아지트 같다고 생각했다. 종종 이런 아지트에서 커피나 술을 판매하면 재밌겠다는 상상을 했었는데, 그것을 현실로 만든 곳이 있다.

생텀 커피바는 한남동 번화가에서 조금 떨어진 곳에 있다. 외부 간판은 따로 없고 건물의 1층 복도로 들어가면 입구가 나온다. 차고지 콘셉트답게 카페 내부에 세워진 포르쉐 911이 가장 먼저 시선을 사로잡고, 정면으로 다양한 술이 진열된 커피바가 보인다. 그 앞에 있는 러그와 푹신해 보이는 소파, 알록달록한 의자들이 아지트 분위기를 한층 더 살려준다.

커피는 아메리카노와 라떼 두 가지만 판매한다. 낮에는 커피, 밤에는 위스키를 즐길 수 있다. 날씨가 좋은 날에는 셔터를 개방하여 자유로운 분위기를 만끽할 수 있다.

about, 생 텀

서울특별시 용산구 한남대로21길 20 한강리제일빌딩 1층
월, 화, 목 ~ 일 | 10:00 ~ 18:00
@coffee.bar.sanctum.0_0

CAFE **55** | 커피앤시가렛

✓ 오피스 빌딩 숲 사이 탁 트인 뷰와 특별한 음료가 있는 공간

오피스에서 잠깐의 휴식을 고민하다 커피와 담배의 조합을 떠올려 붙여진 이름 커피앤시가렛. 위치 역시 이름의 의미와 어울리는 시청역 빌딩 숲 사이 17층에 자리하고 있다. 빌딩 높은 층에 자리한 만큼 명동과 남산 아래가 시원하게 보인다.

화이트와 네이비 컬러를 사용한 깔끔한 미드 센추리 모던 인테리어에 짙은 네이비 컬러의 로고는 커피앤시가렛의 시크한 분위기를 완성한다. 이러한 무드를 좋아하는 사람들을 위해 컵과 라이터 등의 오리지널 굿즈도 판매하고 있다.

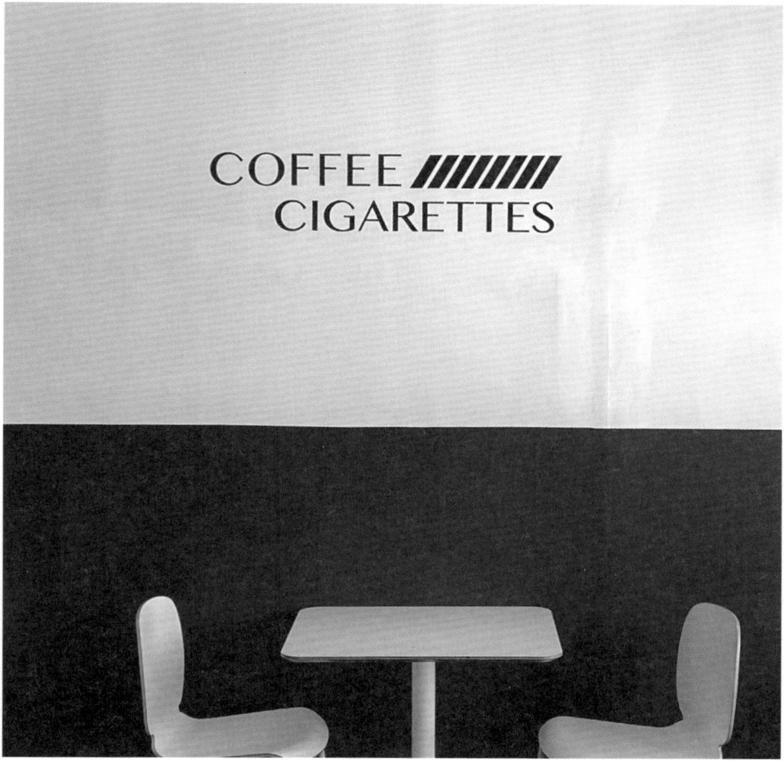

/
'시그니처비엔나'와 '오버더선셋' 등 커피앤시가렛만의 메뉴들이 준비되어 있다. 취향에 맞는 음료 한 잔과 서울의 풍경이 고된 하루의 달콤한 휴식이 된다.

about, 커피앤시가렛

서울특별시 중구 서소문로 116 유원빌딩17층 1706호
월 ~ 금 | 8:30 ~ 21:00 토 | 11:00 ~ 21:00
@coffeeandcigarettes1706

CAFE 56 | 리틀버틀러

✓북촌의 작은 유럽

북촌의 작은 유럽 리틀버틀러. 밝은 우드 소재 문과 짙은 초록색 간판이 흰색 벽돌과 근사하게 어울려 마치 파리의 골목에 온 것 같다. 지나가던 사람도 멈춰서 사진을 찍고 갈 정도로 인상적인 입구 덕에 테라스 좌석은 항상 인기가 좋다.
내부는 원목 가구들과 다양한 크기의 회화 작품으로 장식되어 있다. 입구에서 보이는 테이블 외에 커피바 옆에도 공간이 있어서 작지만 알찬 공간 활용을 보여준다.

/

시그니처 메뉴는 와인잔에 나오는 바닐라 슈페너. 특제 화이트 크림이 올라간 라떼에 잔 주변에 레몬 설탕을 발라줘서 달콤함을 즐기기 좋다.

about, 리틀버틀러

서울특별시 종로구 북촌로 8
월 ~ 금 | 8:00 ~ 22:00 토 ~ 일 | 10:00 ~ 22:00
@cafe.littlebutler

◇ love this spot

CAFE 57

맨홀커피

✓아파트 상가 속 숨어있는 판타지 가득한 공간

겉보기에 평범한 아파트 지하상가에 비밀의 공간이 있다. 비범해 보이는 간판을 따라 내려가면 영화에서나 볼 법한 앤티크한 공간이 펼쳐진다. 카페의 한쪽 벽은 책으로 가득 차 있어서 해리포터에 나오는 비밀의 서재가 떠오르고, 헌팅트로피나 정장이 전시되어 있어서 테일러샵이 생각나기도 한다. 그 외에도 샹들리에와 톱니바퀴 시계 등 콘셉트에 충실한 소품들로만 꾸며져 있다.
커피 역시 일반적이지 않다. 에피오니아 코케허니G1, 내추럴 원두로 내린 스페셜티 커피를 제공하고 있다. 커피를 마시지 못한다면 농도가 진한 초코 음료인 맨홀 카카오를 추천한다.

/

반복되는 일상에서 새로운 재미를 찾고 있다면, 판타지 가득한 맨홀커피에 방문해보자..

about, 맨홀커피

서울특별시 영등포구 영신로 247 당산센트럴아이파크 B동상가 지하 1층

화 ~ 일 | 12:00 ~ 22:30

@manhole_coffee

CAFE 58 | 진심디자인

✓잠시 동화 속으로 떠날 수 있는 마법 같은 공간

일상을 감성으로 바꿔줄 다양한 소품과 달콤한 디저트를 함께 만날 수 있는 쇼룸 겸 카페, 진심디자인. 건물의 1, 2층은 카페와 소품숍, 3층은 '진심더키친'이라는 레스토랑으로 운영되고 있다. 붉은 벽돌과 라운딩 된 입구, 화사한 아이보리색의 인테리어는 마치 유럽에 온 것 같다. 게다가 아기자기한 소품들로 가득 차 있어서 곳곳이 포토존이다.

/

진심디자인이 가장 빛나는 시기라면 역시 크리스마스 시즌일 것이다. 연말이 되면 크리스마스 소품으로 새 단장을 하는데, 마치 '산타의 방'에 놀러 온 것처럼 반짝이는 오르골로 방 한가득 채워진다. 덕분에 크리스마스 분위기를 만끽하며 커피를 마실 수 있고, 주변 사람들에게 진심이 담긴 선물을 구매하기도 좋다.

about, 진심디자인

서울특별시 영등포구 당산로49길 14
매일 | 12:00 ~ 21:00
@jinsimdesign

CAFE 59 | 스웨이 커피스테이션

✓조용한 주택가 속 호주 커피를 만날 수 있는 휴식 공간

연희동 조용한 주택가에서 여행에 지친 사람들을 위해 편안한 공간과 맛있는 커피를 선사하는 스웨이 커피스테이션. 유럽풍 초록색 입구와 반지하 공간은 영화 속에 나올법한 비밀의 공간이 떠오른다. 내부를 가득 채운 따뜻한 톤의 나무 인테리어는 추운 겨울에도 아늑하게 카페를 즐길 수 있다.

스웨이 커피스테이션에서는 호주식 커피를 서브한다. 메뉴 선택이 어려운 사람을 위해 'Surprise Me(아무거나 주세요)'이라는 재미있는 메뉴도 준비되어 있다. 라테아트가 올라간 부드러운 카푸치노, 달콤한 크림이 올라간 크림 화이트 등 과연 어떤 메뉴가 나올지 기분 좋은 기대감이 생긴다.

/
"당신은 지금 어디를 여행하고 있나요?" 비행기를 타거나, 기차를 타고 고향으로 향하거나 혹은 인생의 권태로움에 지쳐 새로움을 찾고 있을 수도 있다. 어떠한 것이든 목적을 찾아 향하고 있다면 그것이 바로 여행아닐까. 스웨이 커피스테이션은 삶을 여행하는 모든 지친 이들의 휴식처 또는 종점이 될 수 있길 바란다.

about, 스웨이 커피스테이션

서울특별시 서대문구 연희로 11길 61
매일 | 11:00 ~ 22:00
@sway_coffee_station

CAFE 60 | 온고지신

✓현대적으로 재해석 한 전통차와 디저트를 경험할 수 있는 공간

'옛것을 익히고 그것을 미루어서 새것을 앎'이라는 사자성어 의미를 그대로 담고 있는 샤로수길 카페 온고지신. 그 의미처럼 전통차와 디저트를 현대적으로 해석하여 쉽고 편하게 경험할 수 있도록 만들어진 공간이다.

1층에서 주문을 하고 2층에 영수증을 제출하면 메뉴를 준비해 준다. 쇼룸으로 쓰이는 1층과 차를 마시는 2층은 사뭇 다른 느낌인데, 임팩트 있는 중앙 바와 멋스럽게 뚫린 원형 창이 2층이 메인 공간임을 보여준다. 바 주위의 나무 테이블과 가장 안쪽에 프라이빗하게 이용할 수 있는 좌식 공간, 복도 맞은편 작은 테라스까지 취향에 따라 이용할 수 있다. 보기에도 예쁘고 맛까지 좋은 온고지신만의 새로운 전통차 문화가 기대된다.

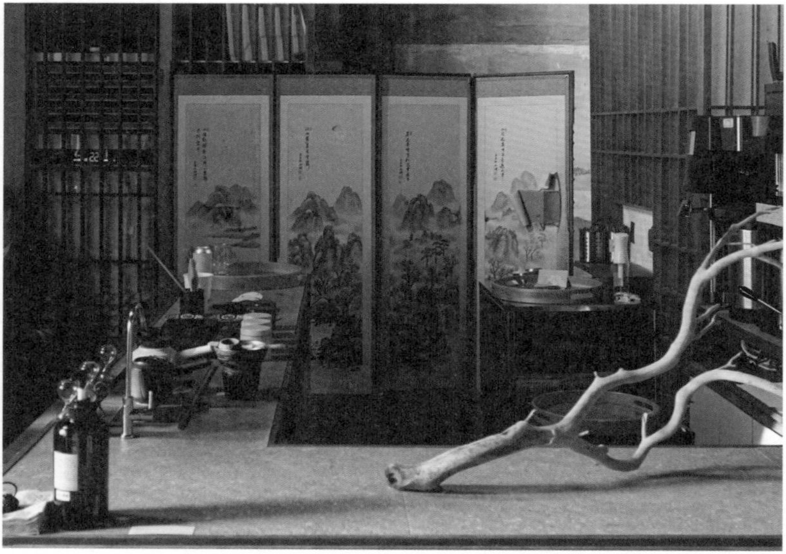

/
시그니처 블렌딩 티는 가게의 이름과 같은 '온고'와 '지신'. 이름 뒤에 번호를 매겨 다섯 가지로 준비된다.

about, 온고지신

서울특별시 관악구 관악로14길 101
매일 | 12:00 ~ 22:00
@ongozisin

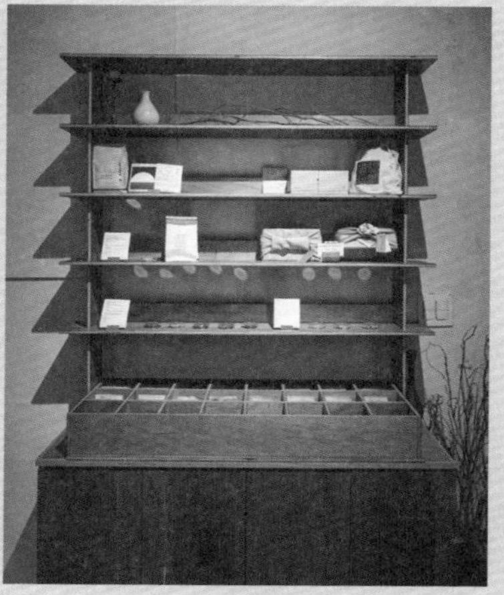

CAFE 61 | 낙원역

✓ 기차역 콘셉트의 한옥 스테이션

1년 전쯤 서울 근교에 있는 일영역에 다녀온 적이 있다. 10년 넘도록 사용되지 않은 폐역이다 보니, 나무와 풀이 손질되지 않은 채 무성하게 자라있었다. 새 소리만이 들리는, 자연이 주인이 된 일영역은 복잡한 도심에서의 고단함을 잠시 잊을 수 있게 해주었다.

익선동 낙원역은 일영역에서 느꼈던 차분한 힐링 타임을 다시 떠올리게 하는 곳이다. 입구에 깔린 철길과 그 옆으로 자연스럽게 자라난 식물들, 고즈넉한 한옥과 따뜻하게 빛나는 전등은 세월을 간직한 간이역의 모습이다. 카페 내부에도 기차역을 떠올릴 수 있는 부분이 많다. 기차역의 시간표를 모티브로 한 메뉴판과 기차놀이를 하듯 컨베이어 위에서 회전하는 디저트들이 분위기에 더 몰입할 수 있도록 해준다.

/
밤이 되면 전등 빛만이 공간을 채우며 더 깊은 운치를 느낄 수 있다. 디저트 바 역시 술과 어울리는 안주들로 채워지며 맥주, 와인, 샴페인 등의 주류도 즐길 수 있다.

about, 낙원역

서울특별시 종로구 수표로28길 33-5
매일 | 11:30 ~ 22:00
@nakwonst

CAFE 62 | YM 에스프레소룸

✓ 경건한 분위기 속에서 맛볼 수 있는 유럽 정통 에스프레소

"유럽인과 한국인의 입맛을 비교하는 데서 시작된 프로젝트는 최적의 맛을 위한 로스팅으로, 커피에 대한 정성을 나누는 공간으로 발전해 나갔습니다."

커피에 대해 끊임없는 시도를 하는 YM COFFEE PROJECT의 세 번째 공간 YM 에스프레소룸. 도심에서 유럽 정통 에스프레소를 맛볼 수 있는 YM 에스프레소룸은 고품질의 커피 맛만큼이나 독보적인 분위기를 가지고 있다.

풍미를 가득 품은 커피는 얼핏 보기에도 정성스럽다. 특히 카푸치노의 라테아트는 단정한 성당 테이블과도 잘 어울린다.

/

커피머신 위의 스테인드글라스, 원목으로 된 일자형 테이블과 좌석, 그리고 웅장한 파이프 오르간 배경음악까지 성당 분위기가 강하다. 그래서인지 볕이 좋은 날, 창살 사이로 들어오는 햇살이 신성한 느낌마저 든다.

about, YM 에스프레소룸

서울특별시 은평구 진관3로 43-9 래미안 909동 1층 상가 101호

매일 | 9:00 ~ 22:00

@ymespressoroom

CAFE 63 | 데일리루틴

✓ 100년 넘은 건물 속 특별한 비밀 아지트

숙대입구역 6번 출구 앞에는 '남영 아케이드'라는 허름한 건물이 있다. 실제로 100년이 넘은 세월을 보낸 건물로 마구간을 연상시키는 높은 천장의 구조가 인상적이다. 인적이 드물어 보이는 캄캄한 남영 아케이드의 내부에 데일리루틴이 은은한 빛을 비추고 있다.

아담한 규모지만 내부와 바깥쪽에 바 테이블을 설치하여 공간을 최대한으로 활용했다. 독특한 공간만큼이나 특별한 시그니처를 판매하고 있는데, 베리그라니따와 피치프로마쥬가 그 메뉴다. 그라니따는 과일과 설탕, 와인으로 만든 이탈리아식 슬러시인데, 이곳에서는 커피 셔벗 위 믹스 베리크림을 얹어 신선한 조합을 만들었다. 피치 프로마쥬는 복숭아 향미의 스몰 라떼로 프로마쥬(치즈) 크림이 올라간다.

/

협소하지만 특유의 아지트 같은 느낌 덕에 오히려 더욱 친근하게 느껴진다. 바리스타의 커피 내리는 모습도 바로 앞에서 볼 수 있는 것도 좋다.

about, 데일리루틴

서울특별시 용산구 한강대로84길 5-8

화 ~ 금 | 11:00 ~ 21:00 토 | 11:00 ~ 21:00 일 | 11:00 ~ 18:00

@dailyroutinecoffee

CAFE 64 | 궤도

✓ 다른 행성에 온 것처럼 색다른 공간, 색다른 음료

행성의 궤도 운동에서 영감을 받아 만들어진 카페 궤도. 필운대로 초입에 있는 곳으로 고즈넉한 카페가 많은 동네에서 몇 없는 모던한 분위기의 카페다. 건물 3층의 문을 열면 새로운 행성에 온 듯 색다른 느낌의 궤도를 만날 수 있다.

중앙에는 대형 스크린이 설치되어 있어서 달을 비롯한 우주를 떠올리게 하는 다양한 영상이 재생된다. 스크린 앞에는 테이블이 궤도를 그리듯 곡선형으로 설치되어 있고, 투명한 아크릴판 위로 영상의 빛이 반사되어 몽환적인 느낌을 준다. 커피바가 스크린 앞에 있어서 바리스타의 액션이 더욱 돋보인다.

망종, 백산, 이탈 등 궤도만의 의미를 내포한 다양한 시그니처 메뉴가 준비되어 있다. 그 중 '백산'은 커피가 부담스러운 사람들을 위해 준비한 메뉴로 발로나 생초콜릿 크림과 우유가 들어간 달콤한 음료다. 처음에는 눈처럼 하얀 모습이지만 스푼으로 저으면 본연의 색이 드러나며 시각적인 즐거움도 느낄 수 있다. 낮보다는 조도가 낮은 밤에 궤도만의 분위기가 극대화된다.

about, 궤도

서울특별시 종로구 필운대로 9-2 3층
매일 | 12:00 ~ 22:00
@gwehdo

CAFE 65 | 식물관ph

✓도심 속 거대한 유리 온실에서 즐기는 카페

수서역에서 일원역 방향으로 걷다 보면 거대한 온실 건물이 눈길을 끈다. 유리온실에 초록빛 식물로 가득 찬 이곳은 카페와 전시, 식물을 감상할 수 있는 복합문화공간 식물관ph다.

1층은 작은 줄기 식물부터 거대한 나무까지 다양한 종류의 식물들이 즐비해 있어서 마치 정글 같은 느낌이 든다. 자리도 식물 사이사이에 마련되어 있어서 자연에 둘러싸여 커피를 즐길 수 있다. 2층은 깔끔하게 인테리어로 되어 있어서 편하게 이용하기 좋고, 1층의 풍경을 내려다볼 수 있는 것이 장점이다. 3층과 4층에서는 다양한 기획 전시를 감상할 수 있다. 입장료에 음료가 포함되어 있어서 커피와 논커피 중 취향에 맞는 것으로 선택할 수 있다. 그 외에 가볍게 즐길 수 있는 케이크와 비스킷 등의 디저트도 준비되어 있다.

/
아파트와 높은 건물이 빼곡한 도심에서 푸른 식물과 전시를 원 없이 감상하며 힐링할 수 있는 반가운 공간.

about, 식물관ph

서울특별시 강남구 광평로34길 24

월 ~ 금 | 12:00 ~ 19:00 토 ~ 일 | 10:00 ~ 19:00

@sikmulgwan.seoul

카페여행 **65**

CAFE INDEX

✓해시태그로 다양한 공간을 만나보세요

#한옥카페

#뷰멍맛집 #시티뷰

#와인 #하이볼

#이국적 #여행기분내기

#LP판 #바이닐

#전통차

#그리너리 #식물과함께

#핫한디저트

아래 QR코드를 방문하여 <퇴근 후, 카페여행> 65개 카페 지도를 저장해보세요. 카페 정보와 리뷰, 경로를 한 번에 확인할 수 있어요.

퇴근 후, 카페여행

초판1쇄 인쇄 2022년 03월 11일
초판1쇄 발행 2022년 03월 17일

지은이 내계절
펴낸이 최병윤
편　집 이우경
펴낸곳 리얼북스
출판등록 2013년 7월 24일 제2020-000041호
주소 서울시 서대문구 증가로30길 29-2
전화 02-334-4045 팩스 02-334-4046

종이 일문지업
인쇄 이든미디어

ISBN 979-11-91553-30-7 13980
가격 15,000원